高等职业院校**数字媒体艺术**系列教材

动画先锋——

Flash

基础与实战

丛书主编 / 肖刚强

编　　著 / 王景泓　张　崇　宿佳宁

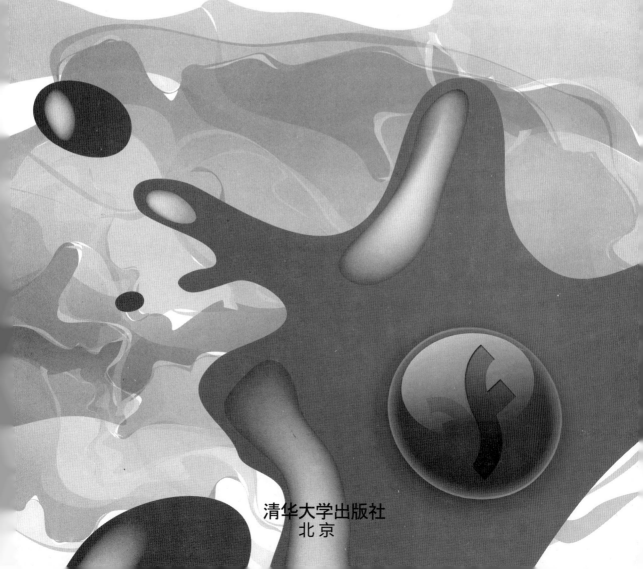

清华大学出版社
北京

内 容 简 介

本书以 Flash CS3 软件为基础，全面、系统地介绍使用 Flash CS3 制作动画的基本理论和方法。

全书分为 8 章，第 1 章通过一个实例让读者初步了解 Flash CS3 制作动画的一般过程；第 2 章至第 7 章按照实际工作中应用 Flash CS3 的流程，主要讲述 Flash 动画的前期设计、绘画、分元件、导入声音文件、调动画、加特效，以及发布影片各流程的具体制作方法和技巧；最后本书重点讲解了《浪漫啤酒节》动画的完整制作过程，包括前期策划，以及 Flash 原画设计和动画制作详细讲解。同时，每一章节都附有大量应用实例以及习题。

本书可以作为大专院校数字媒体艺术专业、动画设计专业的教材，也是广大工程技术人员自学不可缺少的参考书之一。

图书在版编目(CIP)数据

动画先锋—— Flash 基础与实战/王景泓，张崇，宿佳宁 编著. —北京：清华大学出版社，2011.3
(高等职业院校数字媒体艺术系列教材)

ISBN 978-7-302-24916-0

Ⅰ. 动…　Ⅱ.①王…②张…③宿…　Ⅲ. 动画—设计—图形软件，Flash—高等学校：技术学校—教材
Ⅳ. TP391.41

中国版本图书馆 CIP 数据核字(2011)第 023961 号

责任编辑：于天文
封面设计：ANTONIONI
版式设计：孔祥丰
责任校对：蔡　娟
责任印制：杨　艳

出版发行：清华大学出版社　　　　　　　　　地　　　址：北京清华大学学研大厦 A 座
　　　　　http://www.tup.com.cn　　　　　　邮　　编：100084
　　　　　社　总　机：010-62770175　　　　邮　　购：010-62786544
　　　　　投稿与读者服务：010-62776969，c-service@tup.tsinghua.edu.cn
　　　　　质　量　反　馈：010-62772015，zhiliang@tup.tsinghua.edu.cn

印　刷　者：北京富博印刷有限公司
装　订　者：北京市密云县京文制本装订厂
经　　销：全国新华书店
开　　本：185×260　印　张：12.5　字　数：304 千字
版　　次：2011 年 3 月第 1 版　　　印　　次：2011 年 3 月第 1 次印刷
印　　数：1～4000
定　　价：24.00 元

产品编号：039849-01

PREFACE 前言

目前，我国高等职业教育正面临着重大的改革。教育部提出的"以就业为导向"的指导思想为我们研究人才培养的新模式提供了明确的目标和方向。"外语强，技能硬，综合素质高"是我们认真领会和落实教育部指导思想后提出的新的办学理念和培养目标。新的变化必然带来办学宗旨、教学内容、课程体系、教学方法等一系列的改革。为此，我们组织有经验的专业教师，多次进行探讨和论证，编写出这套系列教材。

这套系列教材贯彻了"理念创新，方法创新，特色创新，内容创新"四大原则，在教材的编写上进行了大胆的改革。教材主要针对高职高专艺术设计相关专业的学生，包括了艺术设计领域的多个专业方向。如：平面设计、影视动画、多媒体、环艺设计等。教材层次分明，实践性强，采用案例教学，重点突出能力培养，使学生从中获得更接近社会需求的技能。

本套系列教材是参考清华大学、中国传媒大学、东北大学等多所院校应用多年的教材内容，结合本校学生的实际情况和教学经验，有取舍地改编和扩充了原教材的内容，使教材更符合本校学生的特点，具有更好的实用性和扩展性。

本套教材可作为大专院校数字媒体等相关专业学生使用，也是广大技术人员自学不可缺少的参考书之一。

翁家彧

2010 年 12 月于大连

翁家彧： 大连软件学院党委书记、院长 教授

CONTENTS 目 录

目

录

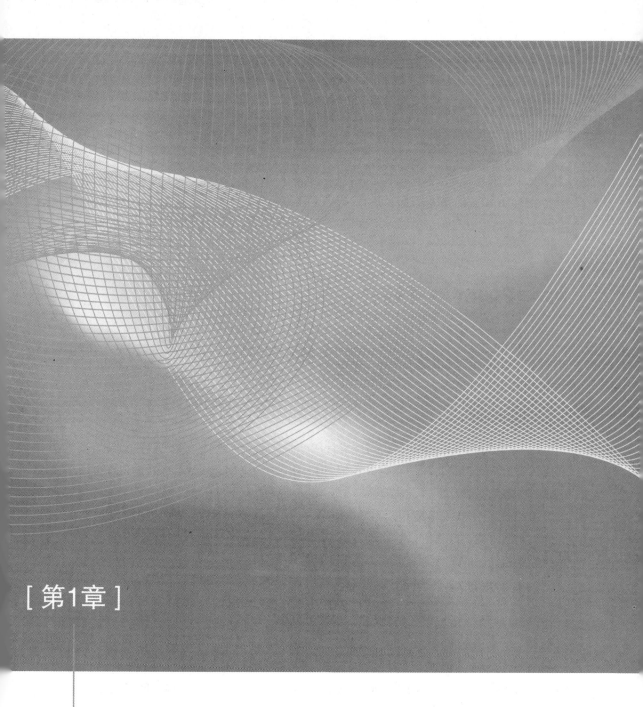

[第1章]

认识Flash动画

学习目标

● 了解什么是 Flash 动画

● 动画的起源与发展

● 传统动画的制作过程

本章介绍 Flash 的基本情况，内容包括什么是 Flash，为什么使用 Flash，Flash 的发展历史，Flash 动画的基本概念、特点、应用范围、动画类型与特效以及 Flash 动画的制作流程。

1.1 Flash 动画简介

1.1.1 Flash 动画的产生和发展

1. Flash 软件

Flash 是美国 Macromedia 公司所设计的一种二维动画软件，现已被 Adobe 公司购买。它包括 Macromedia Flash(用于设计和编辑 Flash 文档)和 Macromedia Flash Player(用于播放 Flash 文档)。

Adobe 特性被大量应用于互联网网页的矢量动画文件格式。使用向量运算(Vector Graphics)的方式，产生出来的影片占用存储空间较小。使用 Flash 创作出的影片有自己的特殊存储格式(swf)。

2. 什么是 Flash

Flash 是一种交互式矢量多媒体技术，它的前身是 Futureplash，早期网上流行的矢量动画插件。后来由于 Macromedia 公司收购了 Future Splash 以后便将其改名为 Flash 2，到现在最新的 Flash CS4。现在网上已经有成千上万个 Flash 站点，著名的如 Macromedia 专门 Shockwave 站点，全部采用了 Shockwave Flash 和 Director。可以说，Flash 已经渐渐成为交互式矢量的标准，用它可以将音乐、声效、动画以及富有新意的界面融合在一起，以制作出高品质的网页动态效果。

1.1.2 Flash 动画的特点

Flash 以流控制技术和矢量技术为代表，能够将矢量图、位图、音频、动画和深一层交互动作有机地、灵活地结合在一起，从而制作出美观、新奇、交互性更强的动画效果。

较传统动画而言，Flash 提供的物体变形和透明技术，使得创建动画更加容易，并为动画设计者的丰富想象提供了实现手段；其交互设计让用户可以随心所欲地控制动画，赋予用户更多的主动权。

Flash 动画具有以下特点。

(1) 动画短小：Flash 动画受网络资源的制约一般比较小，但绘制的画面是矢量格式，无论放大或缩小多少倍都不会失真。

(2) 交互性强：Flash 动画具有交互性优势，可以通过单击、选择等动作决定动画的运行过程和结果，是传统动画所无法比拟的。

(3) 传播性好：Flash 动画由于文件小、传输速度快、播放采用流式技术的特点，所以在网络上供人欣赏和下载，具有较好的广泛传播性。

(4) 轻便与灵巧：Flash 动画有崭新的视觉效果，成为新一代的艺术表现形式，比传统的动画更加轻便与灵巧。

(5) 人力少，成本低：学习 Flash 动画的所需的时间相对较少，费用相对较低，易于掌握。

1.1.3　Flash 动画应用领域

随着网络热潮的不断掀起，Flash 动画软件版本也开始逐渐升级。强大的动画编辑功能及操作平台更深受用户的喜爱，从而使得 Flash 动画的应用范围也越来越广泛，主要体现在以下几个方面。

1. 网络广告

网络广告主要体现在宣传网站、企业和商品等方面。用 Flash 制作出来的广告，要求主题色调要鲜明、文字要简洁，较美观的广告能够增添网站的可观性，并且容易引起客户的注意力而不影响其需求，如图 1-1 所示。

图 1-1　网络广告动画

2. 网站建设

Flash 网站的优势在于良好的交互性，能给用户带来全新的互动体验和视觉享受。通常很多网站都会引入 Flash 元素，以增加页面的美观性来提高网站的宣传效果，如网站中的导航菜单、Banner、产品展示、引导页等。有时也会通过 Flash 来制作整个网站，如图 1-2 所示。

图 1-2　Flash 网站

Flash 导航菜单在网站中的应用是十分广泛的。通过它可以展现导航的活泼性，从而使得网站更加灵活。当网站栏目较少时，可以制作简单且美观的菜单；当网站栏目较多时，又可以制作活泼的二级菜单项目，如图 1-3 所示。

图 1-3　Flash 导航菜单

3. 交互游戏

Flash 交互游戏允许浏览者进行直接参与，并提供交互的条件。Flash 游戏主要包括棋牌类、冒险类、策略类和益智类等多种类型。其中主要体现在鼠标和键盘上的操控。

制作用鼠标操控的交互游戏，主要通过鼠标菜单单击事件来实现。图 1-4 中展示的是一个"小男孩"得红花的 Flash 互动游戏，它就是通过鼠标跟随来完成游戏的。

图 1-4　鼠标互动性 Flash 游戏

制作键盘操控的互动游戏，可以通过设置键盘的任意键来操作游戏。图 1-5 中展示的是一个空中接人的 Flash 互动游戏，它就是通过空格键控制来实现的。

图 1-5　键盘互动性 Flash 游戏

4. 动画短片

Flash MTV 是动画短片的一种典型运用。它是用歌曲配以精美的画面，将其变为视觉和听觉相结合的一种崭新的艺术形式。制作 Flash MTV，要求开发人员有一定的绘画技巧，以及丰富的想象力，如图 1-6 所示。

图 1-6　Flash MTV 示例

5. 教学课件

教学课件是在计算机上运行的教学辅助软件，是集图、文、声为一体，通过直观、生动的形象提高课堂教学效率的一种辅助手段。而 Flash 恰恰满足了制作教学课件的需求。图 1-7 是一个几何体的视图 Flash 课件，通过单击"上一步"和"下一步"按钮来控制课件的播放过程。

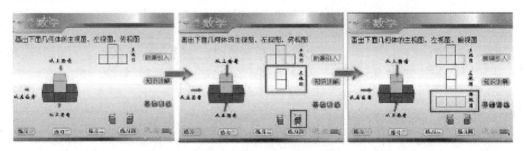

图 1-7　Flash 教学课件

1.1.4　Flash 动画的制作流程

Flash 动画制作其实就是动画制作——Flash 只不过是人们所使用的工具而已。传统制作工序中对时间、资源和创造力的管理原则同样适用于 Flash 动画制作。使用 Flash 作为动画工具改变了一些制作方法，但经典的制作方法仍然适用。

在用 Flash 制作动画的过程中，最受影响的是哪些制作工序呢？Flash 可以被看做是位于前端的重头戏，这意味着作品中的实质性内容都是在制作初期完成的。这些工作包括对分镜图、设计图、资源构造及资产管理的确定。创建一个便于使用的资源库，不仅需要花费大量的时间，而且还要精于规划。库中的资源需要被设计成可供动画师轻易操纵的形式。Flash 动画制作中大部分工作并不像传统 2D 动画制作那样是把精力几乎全部集中在动画上，前者的焦点在于对资源和所有不动产(包括设计、颜色和角色构造等)的筹备。

在制作进度表和预算时，必须考虑这些前端的因素。在制作出进度表之前，必须先熟悉用 Flash 制作动画的步骤。把传统的 2D 动画制作模式生搬硬套地用于 Flash 动画制作，会是一种费力不讨好的做法。下面简要地介绍一下 Flash 动画的制作流程。

1. 剧本

剧本一般分两种情况：

(1) 创意部提供的脚本或是客户直接提供的脚本。

(2) 自己编写的剧本。

有的时候这些脚本只是表述故事，不能产生直观的印象，或者创意部提供的脚本有的时候就带分镜头脚本，但是相关信息并不全。这就需要把小说式剧本变成运镜式剧本，使用视觉特征强烈的文字来作为表达方式，把各种时间、空间氛围用直观的视觉感受量词表现出来。运镜式剧本其实就是使用能够明确表达视觉印象的语言来写作，用文字形式来划分镜头。

2. 分析剧本

(1) 当确定了运镜式剧本之后，就需要分析剧本，确定好三幕。

第一幕(开端)：构建故事的前提与情景、故事的背景，设置刺激点，使故事矛盾冲突。

第二幕(中端)：即故事的主体部分和对抗部分，通常在这里故事会有一个小的转折。

第三幕(结束)：在故事结束之前往往伴随一个很强的高潮，然后才是故事的结尾。

(2) 把每一幕划分 N 个场景。把每一幕中都包括哪些场景，每一个场景都具有清晰的叙事目的，由同一时间发生的相互关联的镜头组成，并且构思每个场景间的转场。

(3) 把每一场景划分 N 个镜头。用多个不同景别、角度、运动、焦距、速度、画面造型和声音，描述场景中要表达的内容。如果在同一场景内有多个镜头的大角度变化，就画出摄像机运动图。

3. 分镜头绘制及动态分镜

(1) 把文字的运镜式剧本用视觉语言表现一个个镜头，并且填写相对应的选项，如有其他的内容，需填写在备注中，尽量做到看表格就能在脑子里形成生动的画面。

(2) 统计整个故事中共有多少个场景，每个场景需要哪几个视角的图，共有多少个角色，每个角色共需要哪几个视角的图，又有什么循环动作，同时，给角色、场景、动作编号。

(3) 将所有的场景视角图、人物视角图、人物循环动作动画编号。

(4) 确定之后就要绘制在分镜纸上。

(5) 在分镜纸上注明镜头动作、时间、对话内容、动作，还有本镜头所用的场景视角图编号、人物视角图编号、人物循环动作动画编号写明。

(6) 绘制的分镜不需要太细致，看懂效果为宜，如图 1-8 所示。

图 1-8 分镜头

4. 角色设计

(1) 初步设计，画出角色的正视图(铅笔稿或是电子版)，画出几个人物在一起的集体图，建立角色设计文件。

(2) 画出每个人物的正视角、侧视角、背视角、3/4 视角的图，并且用线标出人物在各个视角中头部、上身、下身的高度，建立角色多视图文件。

(3) 制作原件，把角色人物在 Flash 上画出来，建立角色 Flash 文件。

人物元件 Flash 文件按照下边顺序，每个需要动的元件设置为一元原件，把整个人物全都放在一个大的元件里。关键是要把每个元件的中心点挪到它和上一个元件连接的连接点。

1) 头部元件包括各种头部装饰品元件和五官元件。

2) 胳膊元件包括上臂元件、下臂元件和手元件部分。

3) 腿部元件包括腿部各种服饰元件和脚元件部分。

4) 身体元件包括身体各种服饰元件和身体元件部分。

(4) 给角色上色，并且定色彩。

建立角色上色 Flash 文件，先给角色的正视图上色，确定下来之后再给所有的图上色，然后制作颜色表，确定每个部分的颜色用色彩及其该颜色的数值，最后依照颜色表给角色所有的视角上色。

(5) 制作角色库。

建立角色库 Flash 文件，把所有角色的所有视角图分门别类排列在库中，每个角色都占一层，并把层命名为该角色的名字。角色设计如图 1-9 所示。

图 1-9　角色设计

5. 场景设计

(1) 初步设计，画出本镜头场景的正视图(铅笔稿或是电子版)，画出本场景所需要的多个角度。

(2) 给场景上色，并且定色彩。建立场景上色 Flash 文件，先给场景的正视图上色，确定下来之后再给所有的图上色，然后制作颜色表，把每个部分的颜色用色彩和及其该颜色的数值确定下来，最后依照颜色表给所有的场景上色。

(3) 制作场景库。建立场景库 Flash 文件，把所有场景的所有视角图分门别类排列在库中，每个场景都为一帧，并把层命名为该场景的名字，如图 1-10 所示。

图 1-10　场景设计

6. 动作设计

(1) 建立动作 Flash 文件。

(2) 建立动作元件。

(3) 制作动作库。建立动作库 Flash 文件，把所有动作的所有视角图分门别类排列在库中，每个动作都为一帧，并把层命名为该场景的名字，如图 1-11 所示。

图 1-11　动作设计

7. 镜头合成

(1) 新建镜头 Falsh 文件。

(2) 将制作出来的所有镜头串联到一个 Flash 文件中。

(3) 在每个镜头中每一个元件的名字都要以本镜头动画的元件命名，以防止替换元件，如图 1-12 所示。

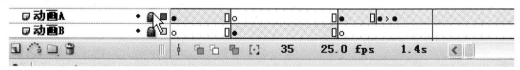

图 1-12　镜头合成

9. 声音合成

(1) 声音分成整体音乐和动作特效。

(2) 整体音乐要根据整个片子的感觉来配，不过这些要在后期合成为成片配上。

(3) 单个动作音效根据动作来配，可以直接在 Flash 的层上添加，不过要在层名上标上音乐层，还可以在 Flash 上编辑特效和音乐。

10. 后期合成

(1) 把所有镜头合成到一起，建立合集文件。

(2) 有多少镜头文件就在 Flash 文件中建立多少个场景，并打开场景。

(3) 把相应的镜头文件打开，全选帧，复制帧。

(4) 回到合集文件，粘贴帧。

(5) 把一个个的镜头文件复制到合集文件中。

(6) 加上动画特效，观看，无误后，生成 SWF 格式文件。

1.2 认识 Flash CS3 软件界面

1.2.1 认识软件界面

Flash CS3 的工作界面如图 1-13 所示。

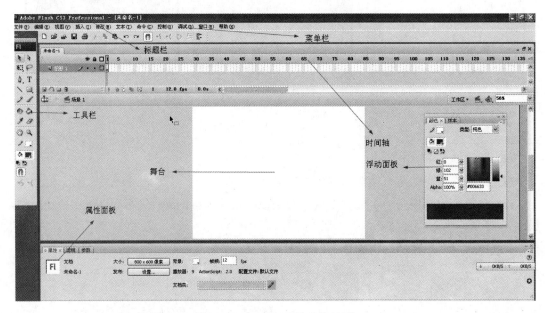

图 1-13   Flash CS3 的工作界面

Flash CS3 的工作界面组成如下。

- 标题栏：用于显示标题。
- 菜单栏：用于显示按功能分类的各个菜单。
- 工具箱：用于绘画、编辑图形的工具。
- 时间轴：用于组织动画帧的面板。
- 舞台：在动画影片中要显示的内容都要放到舞台上，否则，最终不会显示。

- 属性面板：用于显示文件中各项目的属性，如显示元件、文档的属性等。
- 浮动面板：用于显示多种功能的设置面板。

1.2.2 Flash CS3 文档操作

1. 新建文档

创建一个全新的文档，可以单击"开始页"上的创建新项目区域内需要新建的文档类型，第一个按钮"Flash 文档"是最常用的类型。

2. 保存文档

Flash 动画要分别保存为原始编辑文档  和动画演示文档 的两种文档。如图所示。

(1) 原始编辑文档：当新建了一个 Flash 文档时，还没进行任何编辑前，就需要给文档命名，并进行保存，这样用户所进行的每一步编辑都会自动保存在这个红色文件里了。单击菜单"文件"|"保存"命令，会出现"另存为"对话框，如图所示，如图 1-14 所示，在"文件名"文本框中输入文件名，在"保存类型"下拉列表中选择"Flash CS3 文档 (*.fla)"选项，然后单击"保存"按钮。

图 1-14　"另存为"对话框

(2) 动画演示文档：当完成了一个 Flash 作品时，需要把完成的作品保存为动画演示文档。只有这种格式的文档，用户才能进行网络上的上传与交流。单击菜单"文件"|"导出"|"导出影片"命令，就会出现"导出影片"对话框，如图 1-15 所示，在"文件名"文本

框中输入文件名，在"保存类型"下拉列中选择"Flash 影片(*.swf)"选项，然后单击"保存"按钮。

图 1-15　"导出影片"对话框

3. 打开文档

要打开一个文档，可以单击"打开最近项目"区域下列出的最近打开过的文档名称，即可打开相应的文档。如果所需打开的文件不在最近项目中，也可以单击"打开最近项目"区域下的"打开"按钮，就会出现一个对话框，通过查找找到要打开的文档，选择后单击"打开"按钮。

4. 关闭文档

要关闭一个文档，可以单击菜单"文件"|"关闭"命令；如果要同时关闭几个文档，可以单击菜单"文件"|"全部关闭"命令，无论使用哪一种方法都会弹出提示对话框，如图 1-16 所示，保存则单击"是"按钮，不保存单击"否"按钮。

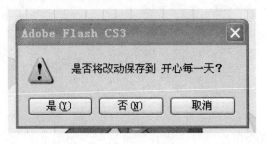

图 1-16　提示对话框

5. 文档属性设置

在默认情况下，Flash 文档的舞台大小为 550px×400px，背景色为白色，帧频是 12 帧/s(fps)。在制作动画的过程中，往往要根据动画的类型，大小等条件，对文档的属性进行设置。我们单击开始页最下方的"属性"面板就会出现如图所示。

图 1-17　"属性"面板

单击"大小：550×440 像素"按钮，会出现如图 1-18 所示的"文档属性"对话框，在这里可以直接修改舞台大小的高与宽，单位是像素，还也可以直接修改帧频的快慢。单击"背景颜色"按钮，会出现一个调色板，用户可以用颜料笔来设置背景的颜色。

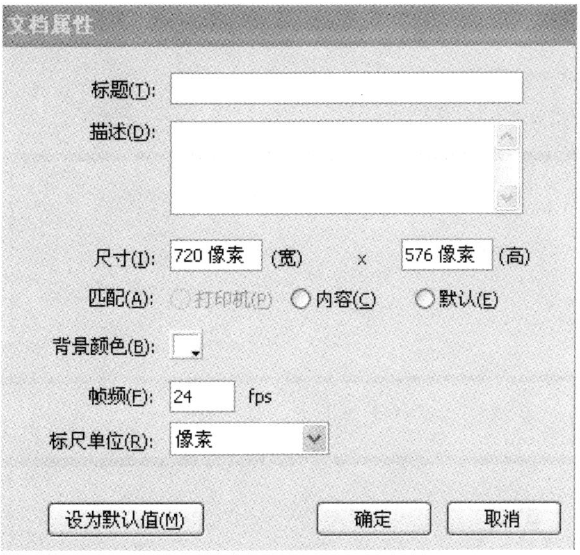

图 1-18　"文档属性"对话框

1.2.3　舞台和文档属性

舞台(Stage)就是工作区，即最主要的可编辑区域。在这里可以直接绘图，或者导入外部图形文件进行安排编辑，再把各个独立的帧合成在一起，以生成电影作品。

1.2.4　时间轴

在时间轴(Timeline)窗口中可以调整电影的播放速度，并把不同的图形作品放在不同图层的相应帧里，以安排电影内容播放的顺序。

1.2.5 图层的操作

图层可以看成是叠放在一起的透明的胶片，如果图层上没有任何内容的话，就可以透过它直接看到下一层。所以用户可以根据需要，在不同的图层上编辑不同的动画而互不影响，并在放映时得到合成的效果。每一个动画对象必须独占一个图层，复杂的动画由多个图层构成，这样做既可便于修改动画，也便于控制动画。例如，制作两钢球对撞的动画，就必须使用两个图层，才能表现同一时间两个钢球相对运动的动画。

1.3 Flash 动画制作实例体验

1.3.1 超人飞行撞墙动画

超人飞行撞墙动画如图 1-19 所示。

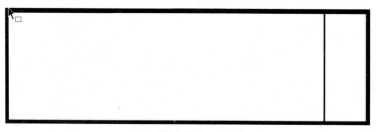

(a) 画面上只有一堵墙

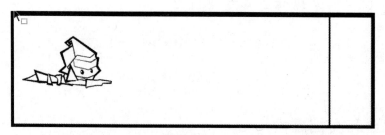

(b) 超人飞入

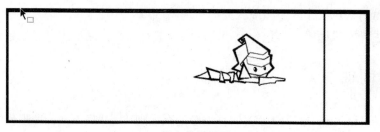

(c) 超人靠近墙面

(d) 超人撞墙，墙体晃动

(e) 超人下滑

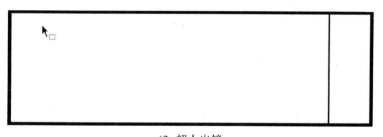

(f) 超人出镜

图 1-19　超人飞行撞墙动画

1.3.2　超人飞行撞墙动画的制作步骤

1. 重点内容

(1) 绘制两个超人造型(飞行中的超人，撞墙后的超人)、一堵墙。

(2) 将两个超人和一堵墙分别建立元件(3 个元件)。

(3) 超人撞墙后，空白关键帧删除，新建图层，插入关键帧添加撞墙超人。

(4) 飞行超人和撞墙后超人都运用运动补间动画制作。

2. 制作步骤

(1) 打开 Flash 文件，新建文档"大小"为"1024×300 像素"，"帧频"为 25fps，如图 1-20 所示。

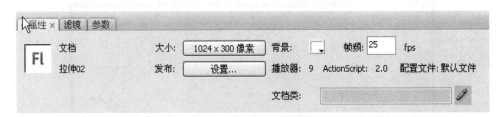

图 1-20　新建文档

(2) 绘制两个不同造型的超人及墙面，如图 1-21 所示。

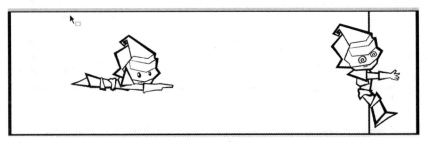

图 1-21　绘制超人及墙面

(3) 按快捷键 F8 分别建立元件，并按快捷键 Q 调节关键点，如图 1-22 所示，撞墙超人的关键点是与墙接触的点，飞行中的超人的关键点是手指尖部，墙的关键点在中间位置。

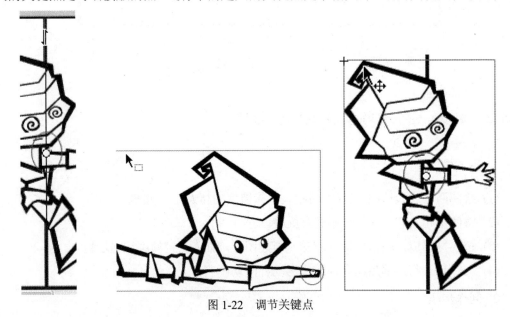

图 1-22　调节关键点

(4) 将飞行超人移出舞台画面，撞墙超人摆在相应的撞墙位置，并使每个元件独立占一个图层，如图 1-23 所示。

图 1-23　将超人移出舞台并单独设层

(5) 在超人飞行的图层的第 12 帧插入结束关键帧，将超人移到如图 1-24 所示的位置，然后插入运动补间动画。

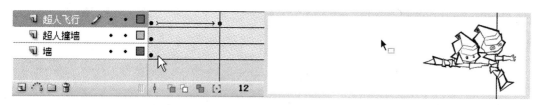

图 1-24　插入结束关键帧

(6) 在第 13 帧将超人做拉伸，并且手指接触到墙面，增加超人的撞击力，并在第 15 帧插入空白关键帧，将超人删除，如图 1-25 所示。

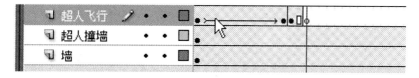

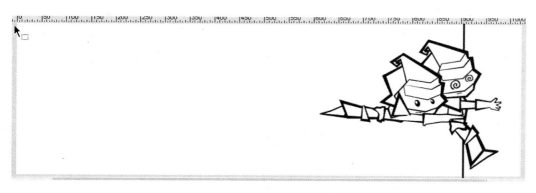

图 1-25　插入空白关键帧

(7) 将飞行超人删除后，将撞墙超人在第 15 帧插入关键帧，再将第一个关键帧的撞墙超人删除，如图 1-26 所示。

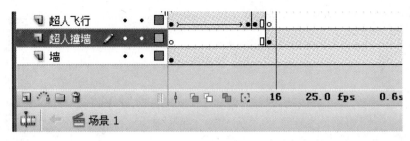

图 1-26　插入关键帧

(8) 在第 15 帧将超人压扁，在第 17 帧恢复超人原样，至第 22 帧插入关键帧随墙面开始晃动，如图 1-27 所示。

图 1-27　插入关键帧

(9) 超人身体下滑出镜，在第 30 帧插入起始关键帧，在第 55 帧插入结束关键帧，在结束关键帧位置，将超人移除画面，如图 1-28 所示。

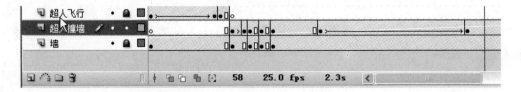

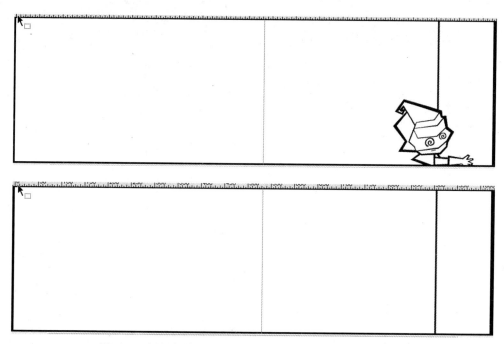

图 1-28　插入起始关键帧和结束关键帧，并将超人移除画面

(10) 动画制作完毕，按快捷键 Ctrl+Enter 预览动画效果。

思考与练习

1. 什么是 Flash 动画，并简述它的发展史。
2. Flash 动画的应用范围有哪些，请列举 3 个。
3. 根据超人动画制作扔飞镖的动画。

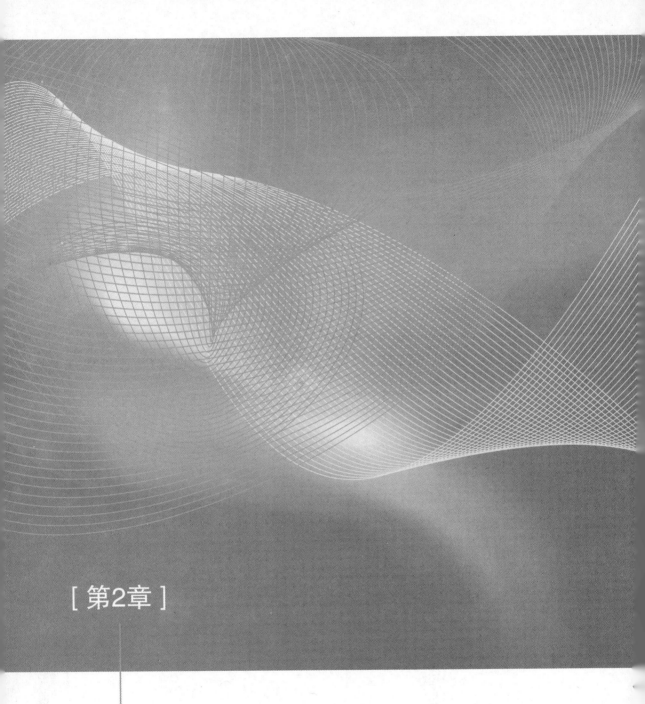

[第2章]

Flash动画编导

学习目标

- Flash 动画编导的重要性
- Flash 动画原理
- 动画编剧的编写要求
- 重点掌握蒙太奇手法的运用

Flash 动画片整个设置过程一般分为 3 个阶段：前期、中期和后期。这里讲的前期，就是创作的筹备阶段，包括剧本、分镜头、人物设计、场景设计、配音，一直到正式制作动画片为止。

2.1　Flash 动画剧本编写

如果把动画看做是一个有生命的人来说，那剧本就是人体内流淌的血液，它确保生命力的鲜活和持续。剧本在动画影片中联系着故事的主题、结构、角色、场景、情节、时代等各方面的基本要素，使每个要素浑然一体，作品完整，连贯统一。

动画剧本与真人影片剧本有所不同，这是由动画的本身特点所决定。动画承传了喜剧及幽默剧的深源传统，强调艺术夸张的表现手法，这样就使动画影片有更多的艺术表现力，使影片有更加有深入的艺术效果和视觉效果。同时作为动画自身来说，肢体语言也是视觉表象上一个重要的手段。动画同真人影片的不同之处在于，它不适合有过多的口语对白。如果要加深刻画故事剧情，就要避免动画角色丰富的表情对白动作，而要发挥动画的长处，强调肢体语言的表达方式，从而增添了动画影片的艺术观赏性。

剧本是写给导演、美术设计师和动画师等专业人士的，不是写给观众的，因此，剧本的书写要既简练又清晰。

2.1.1　选择动画剧本

首先，导演在选动画剧本时，首先要看剧本的内容是否适合电视传媒，是否具有一定的教育价值，预期的屏幕效果如何，这是动画创作的前提。动画片的制作是费时、费力的，需要较昂贵的开支，如果制作出来没有意义或效果很差，势必造成不必要的浪费。

其次，要看动画剧本的主题立意是否深刻富有新意，内容是否具体充实。好的动画剧本自不必说，对于质量不高的动画剧本，我们也不能一律否定。因为，有些剧本虽然创作得不太好，但题材本身很有意义，导演可以将自己的创作意图和设想告诉编剧，共同探讨，进行修改。

最后，导演在选择动画剧本时，还要适当考虑自身的因素，选择自己喜欢的、内容熟悉的、能激起创作热情的动画剧本，这样可以使导演保持较强烈的创作欲望，轻车熟路地驾驭作品。当然，工作需要时，导演接受了题材较陌生的剧本，也应全力以赴，虚心请教、深入研究，力求对剧本有一个全面深刻的认识。

2.1.2　分析研究动画剧本

导演的创作构思来自于对动画剧本、有关资料的深入细致的研究和透彻的理解。

(1) 充分了解编剧的创作意图、目的、对象及动画的类型。捕捉剧本的新意和自己对剧本的最初感受，估计预期的效果。

(2) 在熟悉动画剧本的基础上，与编剧及主要创作人员共同研讨剧本的主题是否正确，鲜明而富有意义，并找出存在的问题加以修改。

(3) 分析动画剧本的内容应如何适合电视屏幕表现，情节是否真实可靠；内容是否充实、富有表现力；细节处理的如何，剪裁是否得当。

(4) 研究动画剧本的结构形式及风格样式。看其所采用的结构形式能否成为表达主题思想的理想叙述方式。它所体现的风格样式是否与内容相适宜。

(5) 掌握动画片中人物或事物的个性特质，分析剧本是否对人物或事物进行了多角度、多层次、多侧面的表现。

(6) 审定解说词或对白。看解说词或对白配置得是否贴切、融洽。如果是有人物对白或主要依靠解说来阐释动画内容、推动情节发展的，则需要事先研究、修订好解说词，以便掌握画面的长度、整体节奏和视听造型的综合效果。

2.1.3　剧本的创作与构思

当导演从编剧手中接过文学剧本时，视听造型便随即开始了。导演要运用各种艺术手段来塑造屏幕形象，必须经过具体、完美、独特的构思。

导演构思是节目创作的灵魂，它体现着导演对文学剧本的理解和阐释以及对节目的总体设计。其主要内容有确定节目的主题思想、拟定结构与风格样式、组织情节、设计画面造型与声音造型以及蒙太奇的表现技法等。

当 Flash 动画开始制作之前，必须作出许多决定，如采用什么样的画面内容和表达方式，怎样调整舞台，绘制什么样的人物当演员，如何进行场面调度，镜头之间怎样衔接，如何转场，每个镜头的长度、机位、摄法、环境、场景气氛乃至灯光、道具如何处置。这些包含在每个画面中的各种因素，都要在制作动画以前经导演深思熟虑，作出相应的决定。然而，要使自己的作品具有较高的水准，导演在创作构思上要狠下工夫，刻意求新，摒弃那些平庸肤浅、生搬硬套的格调，避免空想和臆造，从作者、观众、拍摄对象的不同角度进行全方位的思考，才能使自己的作品独具特色。

2.1.4　对特殊剧情的要求

　　一部动画片，剧情是否能吸引观众，而且是否能使观众看得入神甚至让他们觉得过瘾，看了还想再看，这就需要动画片剧本的开始、发展和结局都要有许多奇妙的地方。一部动画片能抓住人的心理，特别是要使那些喜欢爱动、思想活跃的小朋友们静下心来看，是否有新意，是否能适合青少年的口味，剧情是否生动有趣、曲折离奇，这些就显得很重要。

2.1.5　要注意结局的掌握

　　故事总要有结局。动画片也是在讲述故事，不管结果如何，总要有一个结局。因此，故事的发展要符合观众的心理期望，甚至要比观众期望得更高，有些意想不到的结局，这样才会有吸引力。要让观众看完全片之后，感受整个故事的曲折、有趣，特别是结局、有力度、有新意，因此，故事的结局一般要有全剧冲突、发展的最高潮，故事的结局往往是体现全局的最高力度，当然，在整个故事中，还有其他段落的高潮。所以，一般说故事的结局，往往是以故事的高潮和结尾作为一个整体来考虑，应该是故事最强有力的地方。因此，结局的处理对于整个动画片来讲是至关重要的。

2.1.6　动画片剧本的原创编写要求

　　要编写一个好看的故事，说起来简单，但具体做起来并不那么简单了。要构建一个好看的故事，必须要注意以下三个方面：

　　(1) 故事中的人物形象的刻画和塑造是最重要的。一部成功的动画片给人印象最深的往往是那些生动、可爱的动画形象。深受观众喜爱的动画形象，容易在深入人心之后成为家喻户晓的动画明星。

　　(2) 要有生动、有趣、引人入胜的情节，而且一部动画片剧本中要有许多个有趣的情节，并一环扣一环，逐步把故事推向高潮。

　　(3) 人物和情节都必须在明确的主题之下或体现着某种意义。这些都是某种理念的体现，也就是剧本的原创者要通过具体的人物活动及生动情节给观众一个感兴趣的理念，而且是一个新鲜的、与众不同的理念。

　　上面讲的三个方面也就是人物、情节、理念，这三者有机地统一在一起而组成动画片的生动、有趣的故事。

2.2　Flash 动画人物及场景的设计

　　原画设计人员接到任务后，必须按照导演要求的人物形象、构图、人物大小来设计每个镜头中的人物，并设计出该人物的四视图，如图 2-1 所示。

图 2-1　四视图

还要绘制人物的表情库等，如图 2-2 所示。

图 2-2　人物表情库

线稿及上色的场景设计，如图 2-3 所示。

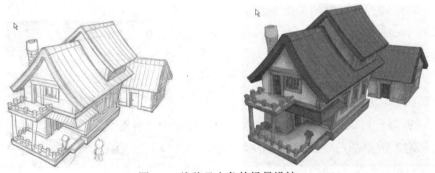

图 2-3　线稿及上色的场景设计

2.3　Flash 动画分镜头设计

一部动画片由多个镜头组接而成，镜头是动画片最基本的单位。在设计分镜头之前，首先要弄清楚什么是镜头？

所谓镜头是指摄影机从开始拍摄之间所拍下来的一段连续画面。这里应注意"连续拍摄"的意思，也就是说不论镜头有多长，调度如何复杂，只要中间不间断，仍为一个镜头。每当摄像机的位置被改变，就得到了一个新的镜头。

2.3.1　文字分镜头的编写

文字分镜头，也叫脚本。脚本是一个动画故事从文字脚本到画面分镜头的过渡，是采用文字手段把内容场次化、镜头化。

文字分镜头是具体画面的表达，要具有镜头感和画面感。用文字记录画面构思，便于在创作时理解全片或部分段落的画面构思、场景安排，改起来也比画面分镜头方便、快捷。

分镜头剧本的创作是将整个节目内容分解为若干个镜头，并将这些镜头依照一定的逻辑关系组成一个个段落。通过对每个镜头的精心设计和段落之间的衔接，表现出导演对节目内容的整体布局、叙述方法、刻画人物和表现事物的手段，细节的处理及蒙太奇的表现技法。

无论导演采用哪一种分镜头的方法，在创作分镜头剧本时都要考虑以下几个方面的内容。

(1) 根据动画内容分出场次(也可注明场景的名称)。按顺序列出每个镜头的镜号。

(2) 确定每个镜头的景别。导演对景别的选择不仅仅是出于表达节目内容的需要，还要考虑到不同景别对表现节奏的作用、物体的空间关系和人们认识事物的规律。一般根据视距的远近可分为远景、全景、中景、近景、特写等大小不同的景别。有时根据摄制的需要还可以分得更细，如大远景、中近景、大特写等。

景别是指由于摄影机与被摄体的距离不同，而造成被摄体在电影画面中所呈现的范围大小的区别。景别一般分为 6 种，即远景、全景、中景、近景、特写和大特写。在电影中，导演和摄影师利用复杂多变的场面调度和镜头调度，交替地使用各种不同的景别，可以使影片剧情的叙述、人物思想感情的表达、人物关系的处理更具有表现力，从而增强影片的艺术感染力。

1. 远景

远景是摄影机摄取远距离景物和人物的一种画面。这种画面可使观众在银幕上看到广阔深远的景象，一站式角色活动的空间背景或环境气氛，如图 2-4 所示。

大远景比远景距离更远，适于展现和浩渺苍茫的自然景色。这类镜头，或者没有人物，或者人物占很小的位置。大远景在影片中主要用于介绍环境和渲染气氛。

图 2-4　远景效果

2. 全景

全景是摄像机摄取人像全身的一种画面。这种画面可使观众看到人物的全身动作及其周围部分环境，如图 2-5 所示。

全景具有较广阔的空间，既能展示比较完整的场景，又可使人物的整个动作和任务相互的关系得到充分展现。在全景中，人物与环境常常融为一体，能创造出有人、有景的生动画面。

全景与特写相比，视距差别悬殊。如果两者直接组接，会造成视觉上和情绪上大幅度的跳跃。运用得好，常能收到特有的艺术效果。如果人物情绪发展是跳跃的，景别的跳跃就可以很好地为塑造人物渲染气氛服务。

图 2-5　全景效果

3. 中景

中景是指影片中只摄取人像膝盖以上部分的一种画面。这种画面可显示人物大半身的形体动作，是影片镜头中占数量较多的一种景别，常在叙述剧情时使用，如图 2-6 所示。中景镜头经常被放在远景镜头之后。

中景的视距比远景远一些，能为角色提供较大的活动空间，既可以使观众看清人物表情，又有利于显示人物的形体动作。由于取景范围比近景宽广，能在同一画面中拍摄几个人物及其活动，因此，中景在展示人物关系上极为便利，不但可以加深画面的纵深感，表现出一定的环境、气氛，而且通过镜头的组接，还能把某一冲突的经过叙述得清清楚楚，揭示出人物的复杂关系和不同性格。

图 2-6　中景效果

4. 近景

近景是指在影片中摄取人物上半身或人体局部形象的一种画面。这种画面能使观众看清人物的面部表情或某种形体动作，如图 2-7 所示。近景有时也摄取景物的某一部分。近景的视距比特写稍远，有些摄取人物腰部以上的镜头，又称为中近景。在近景中，人物上半身的活动和面部表情占据画面的显著地位，成为主要表现对象。在影片中，为了强调人物表情和重要动作，常运用近景或中近景。近景和特写的作用有相似之处，即视距近、视觉效果鲜明、强烈，可对人物的容貌、神态、衣着、仪表做细致的刻画。

图 2-7　近景效果

5. 特写

特写是指影片中拍摄人的面部、人体的局部、一件物品或物品的一个细部的镜头，如图 2-8 所示。特写镜头有很多变种，但是最基本的特写镜头是以展示人物的肩膀到头顶的范围为主。

动画片中的特写是突出和强调细节的重要手段。它既可通过眼睛的顾盼、眉梢的颤动以及各种细微的动作和情绪的变化，揭示人物的心灵，也可把原来看不清或容易忽视的细小东西加以突出、赋予生命，或借此画人物、烘托气氛，或用来介绍人物、时间和地点的特征。一般来说，特写镜头比较短促，运用得当能使观众在时间、视觉和心理上产生强烈的反应。

图 2-8　特写效果

6. 大特写

　　大特写又称为"细部特写"，是把拍摄对象的某个细部拍得占满整个画面的镜头，取景范围比特写更小，因此，所表现的对象也被放得更大，如图 2-9 所示。这种明显的强调作用和突出作用，使大特写和特写一样，成为影片艺术独特的表现手段，具有极其鲜明、强烈的视觉效果。在一部影片中这类镜头如果太长、太多，会减弱其独特的感染作用。

图 2-9　大特写效果

　　(3) 规定每个镜头的拍摄方法和镜头间的转换方式。

　　固定镜头或运动镜头(如推、拉、摇、跟、移、变焦推拉等)。拍摄高度是平摄或仰俯摄。镜头之间直接切换或淡出淡入、化出化入、划出划入方式转换。

　　(4) 估计镜头的长度。镜头的长度取决于阐述内容和观众领会镜头内容所需要的时间。同时还要考虑到情绪的延续、转换或停顿所需要的长度(以秒为单位进行估算)。

(5) 用精炼、具体的语言描绘节日所要表现的画面内容，包括事件发生的时间和场所，情节的安排，人物及人物的主要动作、表情和心理状态以及细节的处理。

(6) 导演要充分考虑到声音的作用、声音与画面的对应及统一关系，做好解说、音响效果和音乐的配置。

总之，导演将自己的全部创作意图、艺术构思和独特的风格倾注在分镜头剧本中，以此来传情达意塑造未来的屏幕形象。因此，分镜头剧本也是摄制组统一创作思想，有计划地开展工作的主要依据和保证。

2.3.2 绘制画面分镜头

画面分镜头是导演把分镜头内容落实到以镜头为单位的连续画面的剧本。画面分镜头剧本可在文字分镜头的基础上进行绘制，也可以在没有文字分镜头的情况下将文字剧本进行调整和增删，直接勾出画面并表明文字提示内容。

1. 绘制画面分镜头的要求

绘制画面分镜头的要求如下：

(1) 充分体现导演的创作意图、创作思想和创作风格。

(2) 分镜头运用必须流畅、自然。

(3) 画面形象需简捷易懂。分镜头的目的是要把导演的基本意图和故事以及形象大概说清楚，不需要太多的细节。细节太多，反而会影响观众对总体的认识。

(4) 分镜头间的连接须明确。一般不表明分镜头的连接，只有分镜头序号变化的，其连接都为切换，如需特殊效果，分镜头剧本上都要标识清楚。

(5) 对话、音效等标识需明确。对话和音效必须明确标识，而且应该标识在恰当的分镜头画面的下面。

2. 把握好蒙太奇节奏的处理

蒙太奇现在已经成为世界电影通用的一种电影术语了。它与长镜头并列被称为改变电影的两把"双刃剑"。狭义的蒙太奇专指对镜头画面、声音、色彩诸元素编排组合的手段，也就是人们常说的画面语言、声音语言和色彩语言。它是一种电影的修辞方法，对于它的本性有许多言论。在前期拍摄时，每个镜头内部综合运动的节奏，即画面中主体运动的速度、摄像机运动的方式和速度已成定局；后期编辑主要是掌握好镜头转换的频率。虽然导演在分镜头剧本中已对节目整体节奏和每个镜头的长度进行了设计，但由于拍摄中的变化和导演构思的不断深入，必然要对画面的节奏重新进行调整。后期编辑时，导演应给予充分的重视，依照事物发展变化的强度和速度，观众的接受能力、欣赏习惯和情绪的起伏，把握好镜头的总体节奏，使画面造型在时空的维度上有节律地运动起来，充满活力。

一般来说，为了给后期编辑留下足够的长度，制作时，每个镜头都要比原设计的画面长度略长一些。有时还会由于拍摄方法的变更，如将几个短镜头合并为一个长镜头(或反之)，将固定镜头变为推、拉、摇、移等运动镜头，这些都会改变镜头的长度。为此，在编辑时，导演不仅要考虑每个镜头自身的因素，选取那些能够鲜明地表达节目的内容、符合整体结构安排的镜头，还要注意镜头长度对叙述节奏的影响、镜头之间的关系对长度的制约，以及叙述长度和情绪长度的协调，进行适当的剪裁和处理。

3. 轴线

所谓轴线，是指由被摄对象的视线方向、运动方向和相互之间的关系形成一条假定的直线，是指一个物体或一个三维图形绕着旋转或者可以设想着旋转的一根直线，又可以称为"中轴线"、"中心线"。由视线方向和运动方向形成的轴线称为方向轴线，由相互之间位置(两个人物以上)形成的轴线称为关系轴线。

4. 拍摄

在一场戏的镜头调度中，摄像机位置的变动范围、相邻镜头的拍摄角度受轴线的制约。在方向性较强的人物或物体的拍摄中，往往存在着一条假想的轴线，摄像机要在假想轴线的一侧，即 180°以内设置机位，以保证正确处理人或物体在画面中的方向，否则，给后期剪辑工作造成困难。

5. 跳轴

例如，在拍摄男女二人对话，为使镜头感觉不单调、不乏味，肯定要把二人谈话的过程切为若干个镜头来拍。但只要分开拍就得注意不能让观众的视线产生错觉，也就是不能让观众感觉甲、乙二人都面朝一个方向谈话，而彼此没有关系。要避免这种现象发生，摄影机的机位就不可以越过男女二人中间假想的那条轴线。摄影机越过轴线所摄的近景镜头，就是越轴镜头，将来与其他几个镜头无法组接在一起。如果硬组接就会让人产生不舒服，出现所谓"一顺边"现象。在拍摄的时候作为画面主体的两个人之间会形成一个看不见的轴线作为分界线，如果摄像机运动或者剪辑越过这个轴线到它的另一侧去拍摄，这样就会使画面中的人物位置颠倒(即左右位置发生变化)，这种情况就被称为"跳轴"。

如果把摄影机在轴线两侧所拍摄的两个镜头组接在一起，观众看到的就是男女二人都面朝着同一方向，不会让人产生这男女二人是在谈话的感觉，他们之间原有的那种呼应关系被破坏掉了。

当然，这条轴线不是不可以突破的，那就要想办法拍摄一些过渡镜头，以便将方向调整过来。比如，在拍摄甲乙二人对话的时候，如果要在变化中保持方向感，就要拍摄其中一人的正面镜头，或者在中间插入其他的空镜头作为转折。上面所说的是剪辑基本原则及技巧，主要是为了保证画面组接的连贯流畅。但剪辑并非"机械"的，除了保持视觉流畅外，更应注重情绪发展的连贯性及观众心理感受的连续性。

2.4 Flash 动画镜头

2.4.1 镜头运动

Flash 里所讲的镜头，主要是指画面运动的方式、绘制的不同角度和不同内容等。Flash 中的镜头是多种多样的，根据动画内容和表现人物性格的需要而使用不同的镜头。一般来说，Flash 镜头有下列几种。

(1) 拉镜头：它的作用是为了让观众在看清楚某一重点的基础上，由点到面认识人物和环境、局部和整体的关系。拉镜头使人产生宽广舒展的感觉，如图 2-10 所示。

图 2-10 拉镜头效果

(2) 眼镜头：顾名思义，就是镜头始终是跟随一个在行动中的表现对象进行拍摄，以便连续而详细地表现对象的活动情形，或在进行中的动作和表情，如图 2-11 所示。

图 2-11 眼镜头

(3) 摇镜头：是指摄影机放在固定位置，向左右环顾，摇摄全景，或者跟着拍摄对象移动进行摇摄，常用于介绍环境或突出人物行动的意义和目的。

(4) 推镜头：是指被摄对象位置不动，只移动摄影机推成近景或特写镜头。同一个镜头内容，缓慢地推近，给人以从容、舒展和细微的感受；快推则产生紧张，急促、慌乱的效果。推拍可以引导观众更深刻地感受人物的内心活动，加强气氛的烘托。

(5) 俯仰镜头：俯仰镜头可分为俯镜头和仰镜头。俯镜头除鸟瞰全景之外，还可以表现阴郁、压抑的感情，一般起贬意的作用；仰镜头为瞻仰景，在感情上起着褒意的作用。

(6) 升降镜头：一般用于大场面的拍摄，它能够改变镜头视角和画面空间，有助于戏剧气氛和效果的渲染。

(7) 变焦距镜头：是指摄影机的位置不变，通过安装在影机内的变焦距镜头的焦距变化，使被摄对象在不改变与摄影机的距离的条件下，加速或匀速地拉远或推近，造成一定的节奏。

2.4.2　镜头的衔接

镜头的衔接用来掩饰时空跳跃或其他不连戏情形(与剧情不连续)的镜头。动画片和电影一样，是把大量的单个镜头组接起来才组成了完整的影片。其中，镜头衔接工作就像一位优秀的裁缝一样，将单个的材料缝出一件上等的时装。

每部动画片都有不同景别的几百个镜头，要把这些镜头连接起来，主要有以下几种方法。

(1) 淡出、淡入：又称为渐隐渐显。淡出是指画面由明晰渐渐隐去，变为全黑，相当于舞台上的"幕落"；淡入是指影片从全黑中渐渐显出画面的一个镜头的开端，它的作用是分隔时间空间，表达戏剧段落，相当于"幕启"，如图 2-12 所示。

图 2-12　淡出、淡入效果

(2) 化出、化入：在前一个镜头渐隐的同时，后一个镜头又重叠出现，直到前一个镜头消失，常用于影片开始时的字幕介绍，或表示剧中人的回忆、想象以及时间的省略，如图 2-13 所示。

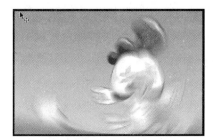

图 2-13 化出、化入效果

（3）划出、划入：是以一条直线或一个圆周线，从镜头画面的一边或一部分运动到另一边或另一部分。第二个画面就跟着这条直线或圆周线出现，直到前后两个镜头交替完毕。这种方法好像翻阅画册的动作，常用于科教影片中，也可在故事片中表现字幕或人、景等物。另外，"划"的技巧中还有帘子卷起或放下那样的帘出、帘入形式和以缩小或扩大圆圈来展现画面的圈出、圈入等形式。

（4）切出、切入：是指从前一个场景的画面立即转为后一个场景的画面，中间不需要任何技巧，而采用镜头直接转换，连接紧凑，往往用在环境描绘、人物对话、行动的衔接上，在艺术表观上具有干净利落、进展迅速的特点。

（5）反转、倒转：是一个画面经过 180° 前后翻转换为另一个画面。这种反转画面特别适用于表现对比内容的镜头。在影片结构上，还可以用它来连接两段各不相同的"戏"。倒转画面，是将一个倒置的画面上下旋转 180° 变为正置的活动画面。这种方法能够改变剧情发生的时间、地点。

2.5　给分镜头添加声音

2.5.1　添加声音

当分镜头画面绘制完成以后，就要给分镜头画面配上合理的音乐效果了。这样做的好处是，可以更加明确每个镜头的长度及时间动作的控制。

Flash 动画片中的声音可以分为 3 个部分：背景音乐、对白与音效。

(1) 背景音乐与对白：对白是指专门为动画做的配音。由于对白需要对口型，所以在动画制作过程中就要加入，但是在分镜头当中没有必要绘制出口型动画。

(2) 音效：一般背景音乐与对白都是在动画制作过程中添加的，而音效则可以稍后添加，一般为卡通、大自然等音效。添加音效的时候应注意选择数据流的属性，并在时间轴上建立起始关键帧和结束关键帧，如图 2-14 所示。

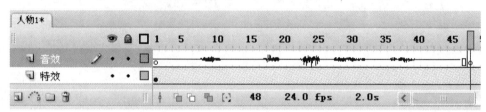

图 2-14　添加声音

思考与练习

1. Flash 动画前期设计都有哪些工作？
2. 如何选择 Flash 动画剧本？
3. 绘制分镜头画面的注意事项有哪些？镜头之间如何衔接？
4. 原创一部 2~3 分钟的动画短片剧本，并绘制其动态分镜头。

Flash绘画

学习目标

- 透视、构图和色彩等美术基础知识
- 建筑背景、自然背景和动物，以及人物画法的要点
- 掌握 Flash 动画工具的绘图原理

绘画是运用点、线、色彩、明暗、透视和构图等手段，在屏幕上创造图像，反映现实并表达审美感受和思想情感的艺术。这是从造型手段、作品形态和创造图像 3 个方面下的定义。其中在平面上创造图像，作品形态是平面的，这是绘画与其他门类的根本区别。

3.1 绘画概述

3.1.1 电脑绘画与 Flash 绘画

1. 电脑绘画

电脑绘画属于绘画范畴。但是，它又属于信息时代特殊形式的绘画方式。因此，它更具有想象性、创造性和挑战性。

电脑绘画在具备了相应的硬件和软件后，不需要传统绘画工具材料，如笔、墨、纸、板等。使用电脑绘画出来的几何图形较为平滑、规整；具有丰富的颜色，可使绘画作品更加绚丽多彩；易于修改和复制。

2. Flash 绘画

Flash 是一款非常优秀的交互式矢量动画制作软件，为用户提供了非常丰富的用于图形绘制、编辑的各种工具。使用这些工具可以绘制出各种风格的矢量图形，这也是 Flash 动画区别于其他动画类型的重要特点。

由于使用的是矢量图，具有文件小和传输速度快的特点，因此，Flash 动画非常适合在网络上供浏览者欣赏和下载，并可以利用这一优势在网上广泛传播。图 3-1 所示为 Flash 绘制的卡通人物与写实人物。

图 3-1 Flash 绘制的卡通人物与写实人物

3.1.2　动画造型设计的艺术特征

1. 造型要有明显的符号化特征

符号化是指所塑造的动画角色要有区别于同一类型的造型的特定样式。强调造型的符号化目的是为了使每一个角色的个性更突出，易于识别，但又要防止设计中的概念化倾向。

2. 造型语言要简洁而丰富

不同的动画风格，使用的造型语言会有很大差异，但在造型艺术中"少则多"的原则是非常适合于动画造型的基本规律的。"少则多"是指造型语言简练而丰富，即以最少的造型元素表现出对象的形态、结构、情感、动态最重要的特征。

3. 影像效果及表现力

影像就是一个物体的外轮廓。动画造型的外轮廓不仅能明显地体现角色的外形特征，还具有独特的表现力。

从抽象的角度来看，不同的圆形形态，给人的心理感受是不同的，如锐角给人以"冷峻"之感，而圆弧形则有温暖与亲切感，如图 3-2 所示。动画造型的各部分比例、形态关系、总体效果，从其影像中进行审视也是较易作出判断和修正。因为从影像中可以看到的是造型的整体关系，不会受其他造型细节的干扰。而整体的影像会更易暴露造型的问题。

图 3-2　影像表现力

4. 造型的结构与体面关系

造型的结构包含两个方面：一是外在的形态结构；二是内在的各部分具体的结构。第一部分主要解决造型中大的结构、比例关系是否恰当合理，具有美感；第二部分侧重内在结构，关系角色运动特征与动作表情的设计。

3.1.3　动画造型设计的风格类型

1. 写实风格

写实风格是以真实物体的结构为标准来表现物象的一种绘画形式。在绘画过程中，不变形、不夸张，比较接近物体的真实面貌。

2. 卡通风格

卡通是英语 cartoon 的音译，它的含义是活动漫画，也是"非真人电影"的意思。一般把"卡通"作为各种美术电影的统称，如动画片、木偶片、剪纸片和电脑美术片等。也就是说，卡通是漫画的一种，是动起来的漫画。

卡通风格的动画多以儿童题材为主，形象简单可爱、身体线条简洁、人物比例比较夸张，如图 3-3 所示。

图 3-3　卡通风格

3.2　色彩与立体感

3.2.1　色彩基础与应用

1. 色彩的三要素

自然界中的颜色可以分为非彩色和彩色两大类。非彩色是指黑色、白色和各种深浅不一的灰色，而其他所有颜色均属于彩色。任何一种彩色都具有以下 3 个属性。

(1) 色相：色相也叫做色泽，是色彩的相貌，是区别色彩种类的名称。

色相是由波长决定的，比如粉红色、暗红色、灰红色都是红色色相，只是彼此明度和纯度不同而已。图 3-4 和图 3-5 分别为 12 色相环和 24 色相环。

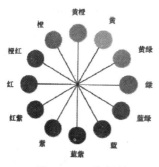

图 3-4　12 色相环

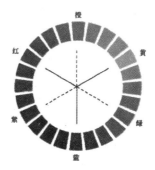

图 3-5　24 色相环

(2) 明度：明度也称为亮度，是指色彩的明暗程度，体现颜色的深浅。明度是全部色彩具有的属性，适合表现物体的立体感和空间感。在具体的色彩运用中，明度的对比和统一对于画面的协调起着至关重要的作用。

明度在彩色三要素中可以不依赖其他性质而单独存在，任何色彩都可以还原成明度关系来考虑。在彩色中，黄色最亮，即明度最高；紫色最暗，即明度最低。不同明度的色彩，给人的印象和感受是不同的。无彩色中，明度最高的是白色，明度最低的是黑色。

人眼睛的最大明度层次辨别能力可达 200 个台阶左右，通常使用的明度标准一般为 11 级左右，如图 3-6 所示。

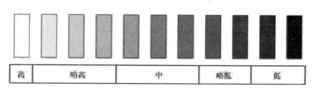

图 3-6　明度色标

(3) 饱和度：饱和度也叫做纯度，是指颜色的纯洁程度，即彩色系中每种色彩的鲜艳程度。光谱中红、橙、黄、绿、蓝和紫等颜色都是纯度最高的。任何一个色彩加入白、黑或灰就会降低它的纯度，如图 3-7 所示。在色彩运用中，注意色彩纯度的变化，会给视觉带来不同的感受。

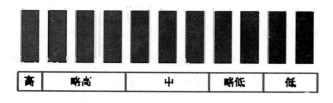

图 3-7　纯度色标

2. 色彩混合

在动画设计中，不能用其他颜色混合而成的色彩叫做原色，原色共有 3 种，而这 3 种原色可以调配出其他色彩。原色包含两个系统，即光的三原色和颜料的三原色。

(1) 颜料三原色：颜料三原色为红、黄、蓝。把这 3 种原色交互重叠，就产生了次混合色，即橙、绿、紫，如图 3-8 所示。

(2) 光的三原色：光的三原色为红(R)、绿(G)、蓝(B)。例如，显示器、扫描仪等的色彩都是由这 3 种色光合成的。把这 3 种原色交互重叠，就产生了次混合色，即青、洋红、黄，如图 3-9 所示。

Flash 中的色彩表达是用这 3 种颜色的数值表示，例如，红色(255,0,0)，即 R=255，G=0，B=0；十六进制的表达式方法为(#FF0000)，如图 3-10 所示。

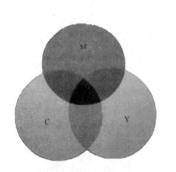

图 3-8　颜料三原色

图 3-9　光的三原色

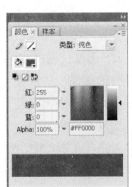

图 3-10　红色

3.2.2　色彩的情感

1. 色彩的心理效应

不同的颜色会给欣赏者不同的心理感受，这些感受总是在不知不觉中发挥作用，影响人们的情绪。

- 红色：是一种激奋的色彩，具有刺激效果，能使人产生冲动、愤怒、热情和活力的感觉。
- 绿色：介于冷暖两种色彩的中间，给人和睦、宁静、健康和安全的感觉。它和金黄或淡白搭配，可以产生优雅、舒缓的氛围。
- 橙色：也是一种激奋的色彩，具有轻快、欢欣、热烈、温馨、时尚的效果。
- 黄色：具有快乐、希望、智慧和轻快的个性，它的明度最高。
- 蓝色：是最具凉爽、清新和专业的色彩。它和白色混合，能体现柔顺、淡雅、浪漫的气氛(像天空的色彩)。
- 白色：具有洁白、明快、纯真、清洁的感受。
- 黑色：具有深沉、神秘、寂静、悲哀、压抑的感受。
- 灰色：具有中庸、平凡、温和、谦让、中立和高雅的感觉。

每种色彩的三要素、透明度略微发生变化就会产生不同的感觉。例如，黄绿色有青春、旺盛的视觉意境，而蓝绿色则显得神秘、阴森。

2. 色彩的冷暖感

色彩的冷暖可以理解为色彩带给人们的视觉温度感受，又称为色温。通常来说，暖色让人联想到太阳、火焰，产生温暖的视觉感受，如图 3-11 所示；冷色会让人联想到平静的湖水、冰天雪地，产生清凉甚至寒冷的视觉感受，如图 3-12 所示。

图 3-11　暖色

图 3-12　冷色

色系一般分为暖色系、冷色系和中色系 3 类，颜色越接近红、橙和黄就越偏暖色，越接近蓝和青色就越偏冷色，绿和紫属于中色系。处在这冷暖两极之间的一切颜色，各自都有微妙的冷暖变化。色彩的冷暖是相对的，不是绝对的。

色彩的冷暖效果还需要考虑其他因素。冷暖色系色彩的饱和度越高，其温度的特性就越明显。

3. 色调

色调是对一幅绘画作品(如构图、形象、色彩和明暗等诸多因素造成的综合效果)的整体评价。色调是客观存在的，自然界中的光源、气候、季节的变化以及环境的变迁，本来就存在着各种各样的色调。不同颜色的物体上必然笼罩着一定明度和色相的光源，使各个固有色不同的物体表现出笼罩着统一的色彩倾向。如图 3-13 所示，这种统一和谐的色彩感觉就是绘画中色调的依据。

绘画作品色调的产生既来自对客观世界的反映，又是主观分析思考和归纳概括的产物。一幅绘画作品虽然用了多种颜色，但总体有一种色调，偏蓝或偏红，或是偏暖或偏冷。如果作品没有一个统一的色调，就会显得杂乱无章。

同样，色调在表现 Flash 动画作品主题的情调、意境和传达情感上也起着重要的作用。因此，在 Flash 动画创作过程中，为了使动画作品更深邃动人，往往采取夸张、提炼和概括等艺术加工手段，使欣赏者受到感染而产生美的联想，让欣赏者的情感和注意力被动画中的色调所影响，产生共鸣。

图 3-13　统一和谐的色彩

4. 色彩对比

两种以上的色彩以空间或时间关系相比较，能比较出明显的差别，并产生比较作用，被称为色彩对比。

(1) 色相对比：因色相之间的差别形成的对比。当主色相确定后，必须考虑其他色彩与主色相是什么关系，要表现什么内容及效果等，这样才能增强动画作品的表现力。

(2) 明度对比：因明度之间的差别形成的对比。明度对比在视觉上对色彩层次和空间关系影响较大。

(3) 纯度对比：是指不同色彩之间纯度的差别而形成的对比。未经调和过的原色纯度是最高的，而间色多属中纯度的色彩；复色的纯度偏低，属低纯度的色彩范围。纯度对比会使色彩的效果更明确。

(4) 补色对比：将红与绿、黄与紫、蓝与橙等具有补色关系的色彩彼此并置，使色彩感觉更鲜明，纯度增加，称为补色对比。

(5) 冷暖对比：由于色彩感觉的冷暖差别而形成的色彩对比，称为冷暖对比。另外，色彩的冷暖对比还受明度与纯度的影响。

5. 色彩调和

色彩调和是指各种色彩的配合取得和谐的意思。色彩的调和有两层含义：一是色彩调和是配色美的一种形态，一般认为"好看的配色"，即能使人产生愉快、舒适感的配色是调和的；二是色彩调和是配色美的一种手段。色彩的调和是就色彩的对比而言的，没有对比也就无所谓调和，两者既互相排斥又互相依存，相辅相成，相得益彰。从美学意义上讲，色彩的调和可以说是各种色彩的配合在统一与变化中表现出来的和谐。

(1) 同种色的调和：相同色相，不同明度和纯度的色彩调和。方法为使之产生循序的渐进，在明度、纯度的变化上，形成强弱、高低的对比，以弥补同色调和的单调感。

(2) 类似色的调和：以色相接近的某类色彩，如红与橙、蓝与紫等的调和，称为类似色的调和。类似色的调和主要靠类似色之间的共同色来产生作用。

(3) 对比色的调和：以色相相对或色性相对的某类色彩，如红与绿、黄与紫、蓝与橙的调和。

3.2.3 物体立体感的表现方法

1. 物体表面色彩的形成

众所周知，没有光的照射，物体就不能被人们看见。物体表面色彩的形成取决于3个部分：光源的照射(光源色)、物体本身反射一定的色光(固有色)、环境与空间对物体色彩的影像(环境色)，如图3-14所示。

- 光源色：是指照射物体光线的颜色，即光源本身的色彩。
- 固有色：通常是指物体本身的颜色。固有色是人们识别自然界各种物体的第一个根据。例如，糖葫芦的固有色是红色，柠檬的固有色是柠檬黄，石膏的固有色是白色等。
- 环境色：也叫做"条件色"，是一个物体受到周围物体反射的颜色影响所引起的物体固有色的变化。例如，大海在蓝天下呈现蓝色，在阴天时呈现灰蓝色。

由此可知，糖葫芦的表面色彩并不是单一的红色，如果在绘制物体的时候，只平涂固有色彩，物体就会很平面，毫无立体感可言，如图3-15所示。

图3-14　物体表面的色彩

图3-15　平涂固有色

由于光的反射和折射，以及在不同介质上表现出来的不同性质，所以产生了明暗的不同。光源直接照射的部分称为受光面，光源照射不到的地方称为背光面。当然，事物不止两个极端，中间部分称为中间调子，即侧光面。

物体的明暗层次可以概括为三个大面，细分为五大调子，它们以一定的色阶关系联结成一个统一的明暗变化的基本规律，俗称"三面五调"。

(1) 受光面(亮面)：是指物体受光线90°直射的部分，这部分受光最大，调子淡。亮部的受光焦点叫做"高光"，是物体上最亮的一个点，一般只有在光滑的物体上才能实现。

(2) 中间调子(灰面)：是指物体受光侧射的部分，是明暗交界线的过渡地带，受条件色的干扰较少，色阶接近，层次丰富。

(3) 明暗交界线：由于它受到环境光的影响，但又受不到主要光源的照射，因此，对比强烈，给人的感觉调子最深，是暗部的一部分。

(4) 反光：由于暗部受周围物体的反射作用会产生反光。反光作为暗部的一部分，一般要比亮部最深的中间颜色要深。

(5) 投影：就是物体本身影子的部分。它作为一个大的色块出现，也是五调子之一。投影的边缘近处的清楚，渐远的模糊。

"三面五调"是塑造物体立体感的主要法则，也是表现物体质感、量感和空间感的重要手段。

从图 3-16 和图 3-17 中可以看出，物体表面的色彩属性正好和"三面五调"对应，高光部分直接反映光的色彩感觉，因此和高光对应的色彩属性是光源色；中间调子受到条件色的干扰较少，因此是物体色(固有色)最集中的区域，明暗交界线是一个转折区域，是在物体色的基础上加暗；反光直接反映周围的环境色变化；投影直接投影在环境部分，因此是环境色加深的现象。

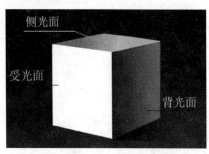

图 3-16　"三面"示意图

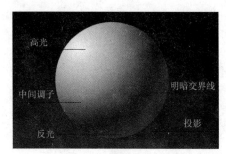

图 3-17　"五调"示意图

2. 物体立体感的表现

通过前面的学习，那么在 Flash 软件中，应该怎样绘制出有立体感的物体呢？下面就以石头的绘制过程为例，来学习物体立体感的表现方法。

先画好物体的基本轮廓，再平涂物体色，然后根据光源的位置确定物体的 3 个面，即亮面、灰面和暗面；最后在物体色的基础上将颜色调亮或调暗，分别填充在物体的亮部、暗部和投影处。这样，物体的立体感便出来了，如图 3-18 所示。

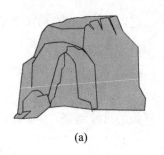

(a)

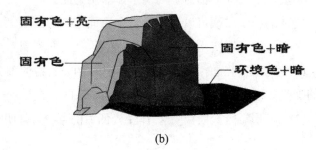

(b)

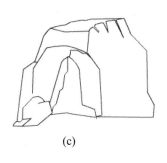

(c)

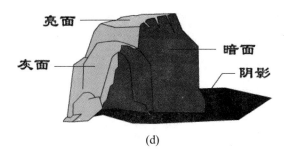

(d)

图 3-18　石头的绘制过程

在画简单物体时，它有着三大面，引申到其他的复杂物体时，也要将它们总结成三大面来画。初学者只要掌握好这个规律，就很容易画出有立体感的物体，如图 3-19 所示。

虽然，在 Flash 中可以绘制出非常精美的矢量图形，但动画设计人员通常不会把角色绘制得很细腻，一方面是因为这样会增加作品的体积，不利于网络的传播；另一方面是因为绘制越细腻，制作动画的工作量就越大。因此，为了减少前期投入，提高工作效率，绘画时会忽略一些细节，有的还采用了平铺固有色的手法，如图 3-20 所示。

图 3-19　立体感的小女孩

图 3-20　平涂固有色

3.3　Flash 透视应用

3.3.1　透视基础

1. 透视和绘画透视学

在日常生活中，看到的物体，由于距离的远近不同，由近及远呈现出从大到小、从长到短、从宽到窄、从实到虚的视觉变化，这种现象就是透视。

透视的基本规律是：同样大的物体，近大远小、近长远短、近宽远窄和近清晰远模糊。

研究透视变化的基本规律和基本画法，以及如何应用在绘画写生和创作上的方法就叫做绘画透视学。

透视学从理论上直观地解释了物体在平面上呈现三维空间的基本原理和规律。

2. 透视基本术语

下面通过图 3-21 来了解一些透视基本术语。

(1) 画面：在研究透视规律时，在画者和被画景物之间假想有一个透明平面。这个透视平面，在透视学中称为画面。

(2) 视点：就是画者眼睛的位置。

(3) 视域：固定视点后，60°视角所看到的范围。

(4) 视平线：一般是指画者平视时与眼睛高度平行的假设线。画面上只能有一条视平线。视平线决定被画物体的透视斜度，被画物体高于视平线时，透视线向下斜；被画物体低于视平线时，透视线向上斜。

(5) 主点：又称为心点，就是画者眼睛正对着视平线上的一点。这是平行透视的消失点。

(6) 消失点(灭点)：与画面不平行的线段(线段之间相互平行)逐渐向远方伸展，越远越小越靠近，最后消失在一点，该点称为消失点。

(7) 变线：凡是与画面不平行的直线均称变线，此种线段必定消失。

(8) 原线：凡是与画面平行的直线均称原线，此种线段在视域内永不消失。

(9) 消失线：又称为灭线，即画面中景物变线与消失点之间连接的线段。

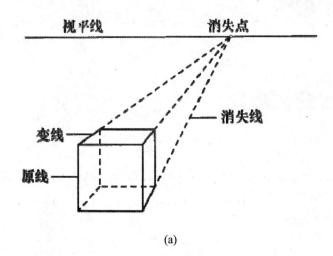

(a)

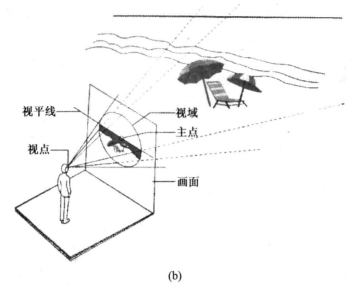

(b)

图 3-21　透视基本术语

3.3.2　几何透视

1. 平行透视(一点透视)

日常接触的物体以六面体为居多，如建筑物、桌椅、柜和车等物。这些物体不管它的形状如何不同，都可以归结在一个或数个立方体中。一个六面立方体有上下、前后、两侧3种面，只要有一种面与画面成平行的方向，就叫平行透视，如图3-22所示。由于平行透视只有一个消失点，又叫做一点透视。

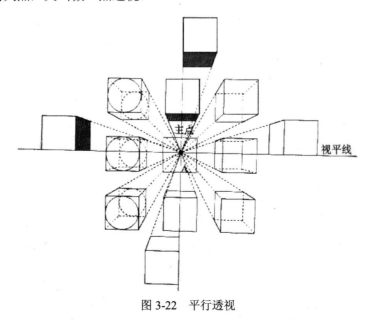

图 3-22　平行透视

一点透视给人整齐、平展、稳定和庄严的感觉。用一点透视法可以很好地表现出远近感，常用来表现笔直的街道，或用来表现原野和大海等空旷的场景。

(1) 在平行透视中，物体总有一个面与画面平行。画面的中心点即为消失点，且只有一个消失点。

(2) 凡是物体与画面平行的这个面，它们的形状在透视中只有近大远小比例上的变化和消失现象，而没有透视上的变形变化。

(3) 一个平行六面体共有 12 条边，近的长，远的短。其中，所有的横线相对视平线完全是平行的，而竖线则是垂直的。所有的倾斜线，即变线，都以视平线上的消失点为基础延伸。

(4) 平行六面体包含主点时，只能看见一个面，即只能看到正面，这是一种特殊现象。室内的平行透视也同样包含主点，但因为看到的是平行六面体的内部，所以一般可以见到 5 个面。

2. 成角透视(两点透视)

当物体的两个面都与画面成一个角度时，这种物体在透视中叫做成角透视。此时，物体两个侧面的线条是向视平线上左右两个消失点(余点)集中，因此，成角透视也叫做两点透视，如图 3-23 所示。

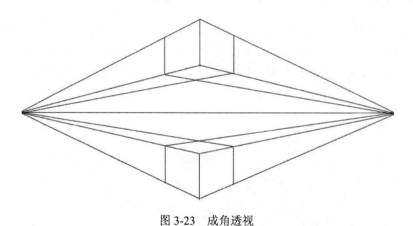

图 3-23　成角透视

(1) 物体有两组不同角度的边线，分别向左右两个消失点(余点)集中，两个消失点必定位于同一视平线上。

(2) 成角透视最少可看到两个面。正方体在视平线上时，可以见到左右两个成交面；正方体在视平线以外时，可以见到 3 个面，两个成角面和一个顶面和底面。

(3) 成角透视的正方体，有 4 条竖线仍上下垂直，近长远短。另外 8 条边线分别往左、右两个消失点消失

3. 斜角透视(三点透视)

斜角透视又称为三点透视，在画面中有 3 个消失点。这种透视的形成是因为物体没有任何一条边缘或面块与画面平行，相对于画面，物体是倾斜的。三点透视常用于仰视或俯视大型建造物，如图 3-24 和图 3-25 所示。

图 3-24　仰视图

图 3-25　俯视图

斜角透视的特点是在两点透视的基础上多加一个消失点。此时第 3 个消失点可作为高度空间的表达，而消失点在视平线之上或下。如果第 3 个消失点在视平线的上方，象征物体往高空伸展，观者仰头看物体，如图 3-26 所示。

如果第 3 个消失点在视平线的下方，则可采用作为表达物体往低处延伸，观者是低头观看物体，如图 3-27 所示。

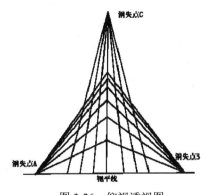

图 3-26　仰视透视图

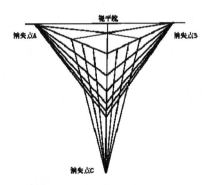

图 3-27　俯视透视图

(1) 设定视平线，以及视平线两方的消失点 A 和 B。

(2) 在视平线的上方或下方再设定一个消失点 C。

(3) 在表现立体建筑物时，离消失点越近，方块(方格)越小，如图 3-28 所示。在动漫作品中仰视或俯视的画面多采用三点透视法。

3.3.3　空气透视

空气透视法是指借助空气对视觉产生的阻隔作用，表现绘画中空间感的方法。它主要借助于近实远虚的透视现象表现物体的空间感。

由于空气的阻隔，空气中稀薄的杂质造成物体距离越远，看上去形象越模糊。所谓"远人无目，远水无波"，部分原因就在于此。同时还存在着另外一种色彩现象，由于空气中含有水气，在一定距离之外物体偏蓝，距离越远偏蓝的倾向越明显，这也可归于色彩透视法。其特点是产生形的虚实变化，形的平面变化，形的繁简变化和色调的深浅变化等。

在日常生活中，经常可以看到一些空气透视现象，特别是远处的景物，通常会比近处的景物显得更虚一些、更灰一些，如图 3-28 所示。

当然，并不是越近的景物就越清晰。当物体离得特别近时，人们能看到的物体是很模糊的，这就是为什么经常看到电视和电影上的有些画面，离镜头特别近的物体显得模糊的道理，如图 3-29 所示。

图 3-28　特别近的模糊　　　　　　　　　　图 3-29　近实远虚

在实际的绘画表现中，空气透视的现象通常会被夸大和强调，便于营造出更加明显的虚实对比和空间感。电脑绘画的便利使画面空间感的表现变得更加简单。在 Flash 中，通过调整元件的透明度，或给元件添加模糊滤镜，便能营造出空气透视的深度效果，如图 3-30 所示。

图 3-30　模糊滤镜的使用

3.4　场景与道具的画法

3.4.1　建筑背景的画法

"近大远小"是透视的基本规律，不仅用于表现建造物，也适用于自然景物、室内以及场景中的人物。绘制建筑背景时，重点在于表现物体的远近距离和空间感。

1. 现代建筑

校园是人们学习知识、快乐成长的地方。下面就以校园一角为例介绍现代建筑的画法，最终效果如图 3-31 所示。

为了表现学校教学楼的高大挺拔，本例采用三点透视画法绘制，如图 3-32 所示。

图 3-31　最终效果

图 3-32　三点透视

绘画步骤如下：

(1) 绘制教学楼的基本轮廓。新建一个 Flash 文档，并保存文件。使用直线工具或者钢笔工具，在舞台上画出教学楼的大体轮廓，如图 3-33 所示。

画出阳台、走廊、窗户、地面草丛、白云的结构图，如图 3-34 所示。

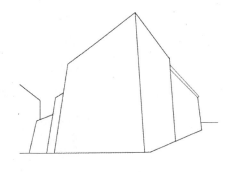

图 3-33　教学楼轮廓

图 3-34　结构图

(2) 删除多余的辅助线，完善细节部分，如图 3-35 所示。

(3) 给画面填充基本色，如图 3-36 所示。

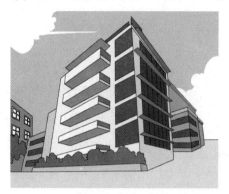

图 3-35　完善细节

图 3-36　上基本色

(4) 先用绿线画出建筑暗部，然后为暗部上色，如图 3-37 所示。

图 3-37　暗部上色

(5) 删除绿线，最终效果如图 3-31 所示。

2. 古代建筑

　　要想画好古代建筑，首先要了解古代人的思维方式、生活习惯和建筑特色，可以阅读相关书籍和查找一些图片作参考，这样才能画好。古代人们的思维方式大多受到了《易经》的影响，这也反映在建筑上。"木"象征春天、绿色、生命，用于给生者建造房屋；而"土"即是砖、石，多用于为死者修建陵墓。因此，中国古代建筑比国外建筑多了一些人文色彩。

　　古代比较有代表性的建筑物有亭子、楼阁等，下面以亭子为例介绍古代建筑的画法。亭子体积小巧、造型别致，可建于园林等地。从立体构形来说，可分为单檐、重檐和三重檐等类型。

　　下面以单檐亭子为例来介绍亭子的绘制过程，最终效果如图 3-38 所示。

图 3-38　效果

绘画步骤如下：

(1) 画灯笼。新建一个 Flash 文档，并保存文件。首先画亭子上的装饰物灯笼，绘制过程如图 3-39 所示。

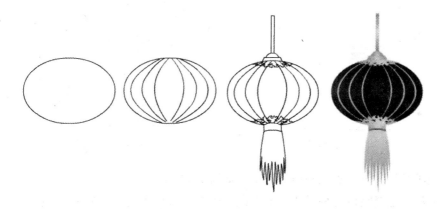

图 3-39　灯笼的绘制

(2) 将灯笼转换为元件。选择画好的灯笼，单击菜单"修改"|"转换为元件"命令，或按 F8 键，弹出"转换为元件"对话框，选择"图形"，命名为"灯笼"，单击"确定"按钮，将灯笼转换为图形元件。

(3) 绘制亭子。新建图层并命名为"亭子"，在舞台上画出亭子大体的轮廓，如图 3-40 所示，且应时刻注意每画完整体中的一部分，切记一定要组合好，再画其他的线条，防止线条之间连接或不好修改，而且即使需要调整动画的时候也很方便。

(4) 画出亭子 8 个角的位置，正面只能看到 4 个角，如图 3-41 所示。

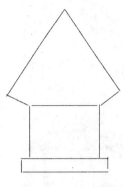

图 3-40　亭子轮廓

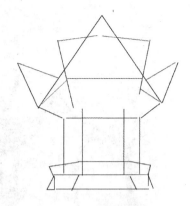

图 3-41　绘制亭角

（5）使用箭头工具，将红线适当向下拉弯，形成弧线，如图 3-42 所示。

（6）将红线颜色改为黑线，并画出亭子其他细节部分，如图 3-43 所示。

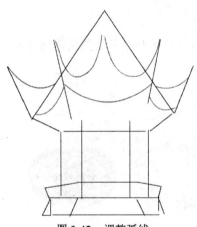

图 3-42　调整弧线

图 3-43　绘制细节

（7）刻画细节。进一步完善细节部分，如图 3-44 所示。

（8）上色。选择暖色为亭子各部分上色，以红色渐变为主，如图 3-45 所示。

图 3-44　完善细节

图 3-45　为亭子上色

(9) 复制灯笼，分别放在亭子的 4 个角上。然后添加背景，最终效果如图 3-46 所示。

图 3-46　最终效果

3. 室内背景

两点透视画法常用于室内局部的绘制。下面就采用两点透视画法，绘制温馨卧室，效果如图 3-47 所示。

图 3-47　效果

绘制步骤如下：

(1) 绘制卧室的两面墙壁。新建一个 Flash 文档，并保存文件。使用直线工具在舞台上画出左右两个梯形，作为卧室的两面墙壁，并按 Ctrl+G 组合键，如图 3-48 所示。

(2) 画出屋顶的截面，并按 Ctrl+G 组合键，如图 3-49 所示。

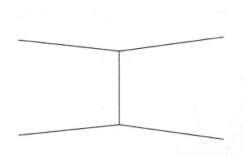

图 3-48　卧室两墙面　　　　　　　　图 3-49　屋顶的截面

(3) 画出窗户的结构，并将窗户单独组合，如图 3-50 所示。

(4) 画出地板，注意透视关系，并按 Ctrl+G 组合键，如图 3-51 所示。

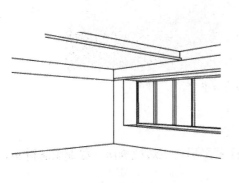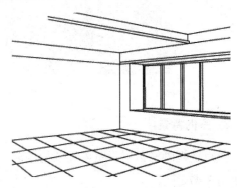

图 3-50　窗户结构　　　　　　　　　图 3-51　绘制地面

(5) 画床。新建图层并命名为"床"，使用直线工具绘制床。画床的时候要注意透视关系，并将绘制好的床组合，如图 3-52 所示。

(6) 画室内装饰品。分别将窗帘、床头柜、壁画框、盆景等室内物品绘制在不同图层上，分别组合，如图 3-53 所示。

图 3-52　绘制床　　　　　　　　　　图 3-53　绘制室内装饰品

(7) 上基本色。为了突出卧室的温馨浪漫，色彩以粉色调为主，如图 3-54 所示。

(8) 上暗部颜色。先画出明暗交接线，然后上暗部颜色，如图 3-55 所示。

图 3-54　上基本色

图 3-55　上暗部颜色

(9) 删除明暗交接线，最终室内效果如图 3-56 所示。

图 3-56　室内效果

3.4.2　自然背景的画法

1. 花草的画法

　　自然界的花草种类繁多，千姿百态，但画法却大同小异。这里举个例子供初学者学习，希望读者掌握后，能举一反三，灵活运用。本例的最终效果如图 3-57 所示。

图 3-57　最终效果

绘制步骤如下：

(1) 勾画轮廓。新建一个 Flash 文档并保存文件，在舞台上用直线工具勾画出花与叶的大体轮廓，如图 3-58 所示。

(2) 进一步用直线工具将花瓣、花蕊和叶细画出来，如图 3-59 所示。

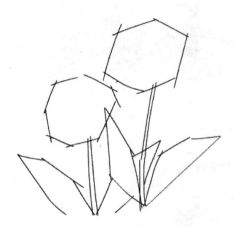

图 3-58　花与叶的大体轮廓

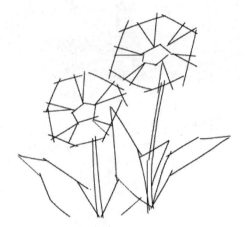

图 3-59　细分花与叶

(3) 删除多余的线段，并将花头单独组合，叶子单独组合，效果如图 3-60 所示。

(4) 使用箭头工具双击花头，进入花头编辑区，按 Shift+C 组合键将直线调整为平滑的曲线，完成轮廓的绘制，如图 3-61 所示。

图 3-60　删除辅助线

图 3-61　完成的轮廓

(5) 上基本色。开始上色，叶子为绿色，花朵为白色，花蕊为黄色，注意曲线是否为闭合曲线，按部分选取工具单击辨别，如图 3-62 所示。

(6) 上亮面与暗面的颜色。用绿线画出叶子与花的两面和暗面，然后填充相应的颜色，如图 3-63 所示。

图 3-62　上基本色

图 3-63　上亮面与暗面的颜色

(7) 采用同样的方法绘制花蕊的暗部，然后删除绿线，最终效果如图 3-64 所示。

图 3-64　最终效果

2. 山与石的画法

绘制步骤如下：

(1) 新建草稿图层，利用笔刷工具，勾画山和云的轮廓。使用笔刷工具画出远近山脉的大体轮廓，使用铅笔工具画出天空白云的大体轮廓，如图 3-65 所示。

(2) 新建图层，利用钢笔工具完善细节，注意线条的变化，及圆滑程度，尽量多个锚点，适当利用键盘上的"+、-"符号删除或添加锚点，完善细节，如图 3-66 所示。

图 3-65　勾画轮廓

图 3-66　完善细节

(3) 上基本色。新建图层为草稿描边后，为画面上基本色，先为天空填上渐变色，并将其组合。然后单独选中云，按 Ctrl+G 组合键，每一朵云为一个组合。同样依次选中远山，并组合，然后再填充颜色。让每一个图层都独立，是为了以后方便调节动画，如图 3-67 所示。

(4) 上亮部颜色。双击进到每一个组合里面，用绿线画出云和山的亮面，然后填充稍亮的颜色，注意曲线的闭合，然后才能填充颜色，如图 3-68 所示。

图 3-67　上基本色

图 3-68　上亮部颜色

(5) 删除绿色的线条，山的立体感得到了体现，效果如图 3-69 所示。

(6) 上暗部颜色。在山脉上画出明暗交接线，并上暗部颜色，最终效果如图 3-70 所示。

图 3-69　删除绿线

图 3-70　效果

3. 树的画法

动画片中树的表现有两种：写实与卡通。下面以写实树为例详细介绍树的绘制方法，效果如图 3-71 所示。

图 3-71　效果

(1) 勾画轮廓。新建一个 Flash 文档并保存文件，新建一个草稿图层，使用直线或者钢笔工具在舞台画出树的基本形状，如图 3-72 所示。

(2) 丰富轮廓。把树干树叶的大体轮廓画出，如图 3-73 所示。

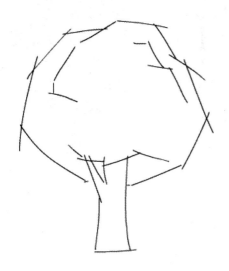

图 3-72 勾画轮廓   图 3-73 丰富轮廓

(3) 进一步利用钢笔工具刻画细节，完成树的轮廓，如图 3-74 所示。

(4) 上基本色。开始上基本色，树叶上绿色，树干上土绿色，如图 3-75 所示。

图 3-74 刻画细节   图 3-75 上基本色

(5) 画亮面颜色。用绿线画出树叶和树干的亮面，并填充颜色，如图 3-76 所示。

(6) 删除绿线，效果如图 3-77 所示。

(7) 上暗面颜色。画出明暗交接线，并上暗部颜色，如图 3-78 所示。

　　图 3-76　画亮面颜色　　　　　　　图 3-77　删除绿线　　　　　　　图 3-78　上暗面颜色

(8) 添加高光。删除明暗交接线，在树干和树叶上绘制高光，添加高光后，色彩过渡比较丰富，树的立体感更为突出，也更加逼真。最终效果如图 3-71 所示。

3.4.3　常见道具的画法

1. 汽车的画法

下面介绍汽车的画法，效果如图 3-79 所示。

图 3-79　效果

绘制步骤如下：

(1) 画出汽车的大体轮廓，并按 Ctrl+G 组合键，如图 3-80 所示。

图 3-80   大体轮廓

(2) 绘制出前后车轮，并组合，且车轮可直接用选择工具进行拖拽，如图 3-81 所示。

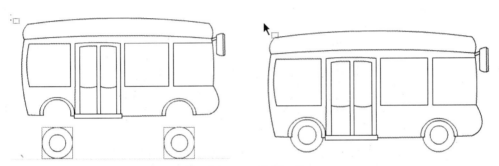

图 3-81   绘制细节

(3) 依次双击每个组合，上基本色，如图 3-82 所示。

图 3-82   上基本色

(4) 利用直线工具绘制纹理，进一步刻画细节部分，如图 3-83 所示。

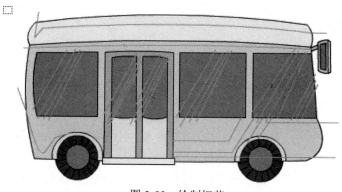

图 3-83　绘制细节

(5) 为汽车细节上色，车身阴影部分为深绿色，玻璃反光为浅蓝色。把握好高光部分，最后如图 3-84 所示。

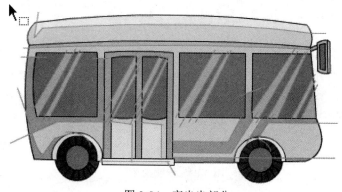

图 3-84　亮光光部分

(6) 删除绿线，最后效果如图 3-79 所示。

2. 电视机的画法

下面介绍电视机的画法，效果如图 3-85 所示。

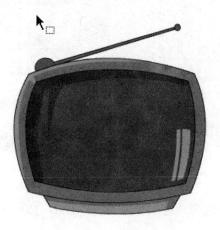

图 3-85　效果

绘制步骤如下：

(1) 画出电视机的机身、屏幕的大体轮廓，如图 3-86 所示。

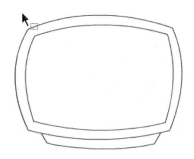

图 3-86　电视机机身的大体轮廓

(2) 细分出各个部位的轮廓，并将能动的部分，天线单独组合，如图 3-87 所示。

图 3-87　细分各个部位的轮廓

(3) 填充基本颜色，并进一步刻画，画出电视机细节部分，注意线条要圆滑，如图 3-88 所示。

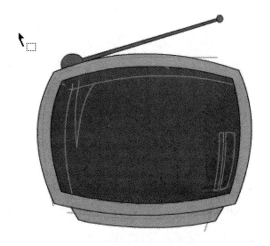

图 3-88　填充基本颜色

(4) 开始为电视机上高光及阴影部分的颜色，注意高光的位置，最终效果如图 3-89 所示。

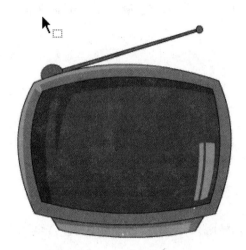

图 3-89　上高光及阴影部分的颜色

3.5　动物与人物的画法

3.5.1　动物的画法

下面介绍一下老虎的画法，效果如图 3-90 所示。

图 3-90　效果

绘制步骤如下：

(1) 勾画老虎的轮廓。新建一个 Flash 文档并保存文件，使用钢笔工具在舞台上绘制老虎的头、尾巴、身体、左腿、右腿、前腿、后腿等，并分别组合。这样组合好的尾巴就可以单独提出来，而且不会影响路径效果，如图 3-91 所示。

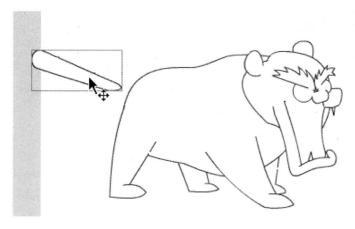

图 3-91　勾画老虎的轮廓

(2) 双击老虎的各个身体部件，绘制细节，并填充颜色，填充颜色完毕后，回到场景当中，如图 3-92 所示。

图 3-92　绘制细节

(3) 绘制完毕后，并把多余的辅助线删除，最终效果如图 3-93 所示。

图 3-93　删除辅助线

3.5.2　人物绘画基础

在所有绘画中，人物绘画是最难把握的，而人物绘画中的重点仍是形的把握。因此，要想设计出栩栩如生的动画人物，首先必须掌握好人物绘画的基础，如人体的结构、比例，以及各部分的画法，才能做到灵活运用。

1. 头

一般人的头型很像一个扁圆形的球体，在绘画时要根据五官的正确比例和结构，才能画出正确的面部。人的头虽然有各自的特点，但也不能否认有一定的共性，这个共性就是头部"三庭五眼"的结构关系，如图3-94所示。

图3-94　头部比例

三庭：发际线到两个眉梢之间的虚拟线为一庭，眉线到鼻底部位的线为一庭，鼻底线到下颚为一庭。这三部分间的距离大致是相等的，称为三庭。

五眼：人眼水平位置的虚拟连线平均分为五份，每一份为一个眼睛的宽度；两眼间的宽度相当于一个眼睛的宽度，眼尾角到脸侧的宽度同样相当于一个眼睛的宽度。

当人的脸部侧对视者或仰视、俯视等时候，所观察到的三庭五眼会有所改变。如图3-95所示。

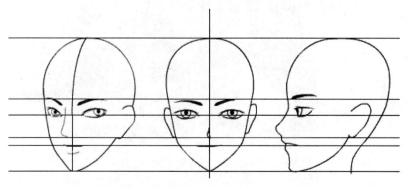

图3-95　头部比例

2. 眼

在五官之中，眼睛是最重要也是最复杂的。眼睛的画法有很多种，但是所有的画法都是以眼睛的基本形状为基础的。

(1) 先画眼睛的上眼线，上眼线要画长得一些，向下弯，采用钢笔工具绘制，并填充颜色，如图 3-96 所示。

图 3-96　画上眼线

(2) 绘制眼睫毛，先双击绿色的轮廓线，按 Delete 键删除。然后按 Alt 键，在眼角的位置拖动鼠标左键，并按 Shift+C 组合键调整手柄，使眼睫毛保持圆滑，并将上眼线组合，如图 3-97 所示。

图 3-97　绘制眼睫毛

(3) 利用圆形绘制眼眶，填充色为白色，并用变形工具将其压扁，快捷键为 Q，然后将其调整到相应的位置，如图 3-98 所示。

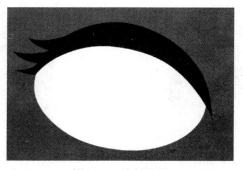

图 3-98　绘制眼眶

(4) 将眼眶组合，并运用圆形工具绘制眼球，按住 Alt 键复制眼睛高光，调整高光颜色与眼球颜色差异，如图 3-99 所示。

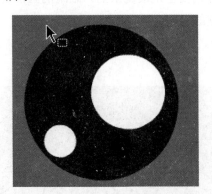

图 3-99　绘制眼球

(5) 将绘制好的眼球，移动到眼眶上相对合适的位置，并按快捷键 Ctrl+箭头键，调整图层的上下位置关系，如图 3-100 所示。

图 3-100　移入眼球

3. 鼻

鼻的画法相对比较简单，在 Q 版和卡通中往往用一条小的弧线来概括。中间线就是鼻子的位置。正面的鼻子靠中间画，侧面的鼻子靠近侧面的眼睛，如图 3-101 所示。

图 3-101　鼻的画法

4. 嘴

嘴的画法也比较简单，在 Q 版和卡通中一般都会画成一长一短两条线，但是位置不能错。嘴的角度也是随着脸的角度而变化的，在绘画时要注意。根据动画人物的需要，有时候也要将嘴画得比较写实。

写实嘴绘画步骤如下：

(1) 画出嘴的大概形状和走向，用简单的线条来表示，如图 3-102 所示。

图 3-102　嘴的走向

(2) 用红色的线画出嘴的轮廓，如图 3-103 所示。

图 3-103　嘴唇轮廓

(3) 利用油漆桶工具填上嘴唇的基本色，如图 3-104 所示。

图 3-104　填充唇色

(4) 删除红色唇线，完成最终效果如图 3-105 所示。

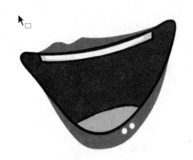

图 3-105　效果

5. 耳

　　画耳朵前要清楚耳朵的结构，然后画出耳朵的基本形状，再细致地画出耳朵的皱褶，为耳朵填充基本色，再画出阴影线并上阴影色，最后擦掉多余的线条，过程如图 3-106 和图 3-107 所示。

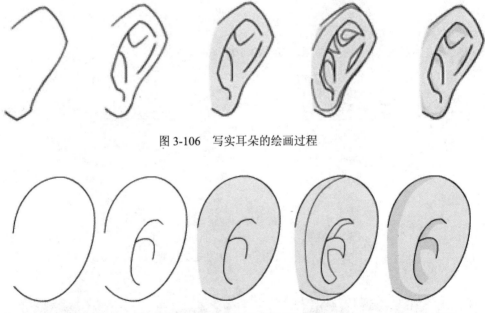

图 3-106　写实耳朵的绘画过程

图 3-107　Q版耳朵的绘画过程

6. 人物的面部表情

　　表情是人类表现内心世界的窗口，也是在人物创作过程中，如何将动画中的人物变成有血有肉的生命的大问题。

　　人物最常用的面部表情有微笑、大笑、愤怒、悲伤、哭、疲惫、惊讶、不安和害羞等。人物的基本表情如图 3-108 所示。

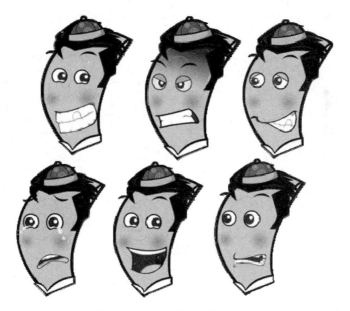

图 3-108　人物基本表情示例

笑的特点：眉毛和嘴角弯弯的，弯的幅度与笑的程度成正比。

怒的特点：眉毛紧拧，眼睛和眉毛挤在一起，眉梢要向上挑起，嘴角向反方向弯曲。

7．头发

人物的头发虽然不如脸部那样富于感情变化，但它对表现人物个性，刻画人物特征有着非常重要的作用。

画头发时，首先要观察人物的头型、发质和人物的性格特征，然后选择适当的发型。初学者容易忽略的问题就是头发的厚度。

青年男女的绘制过程如下：

(1) 先画出人物头部，按 Ctrl+G 组合键，如图 3-109 所示。

图 3-109　人物头部绘制

(2) 绘制脸后部的头发且组合，并调整其图层的位置关系，如图 3-110 所示。

图 3-110　画后部头发

(3) 画刘海，并给头发填充基本颜色，按 **Ctrl+G** 组合键，如图 3-111 所示。

图 3-111　上基本色

(4) 利用钢笔工具绘制头发高光线，并填充高光，最终效果如图 3-112 所示。

图 3-112　效果

8. 手

手的绘制步骤如下：

(1) 先画出手的大概轮廓，用直线画出手的草图，如图 3-113 所示。

图 3-113　手的轮廓

(2) 在草图的基础上细致地画出手指和手心，如图 3-114 所示。

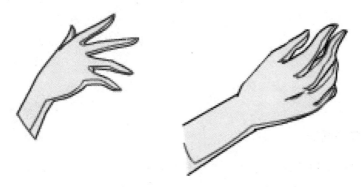

图 3-114　细化手指和手心

(3) 在画好的手上填上皮肤的颜色，如图 3-115 所示。

图 3-115　平铺颜色

(4) 用红线或绿线标出阴影的位置，如图 3-116 所示。

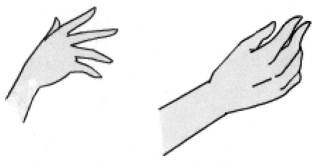

图 3-116　标出阴影位置

(5) 在标好的阴影范围内填上阴影，并删除红线，完成后如图 3-117 所示。

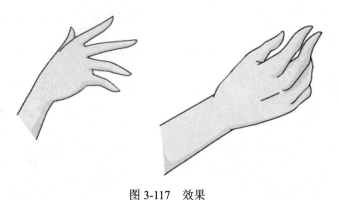

图 3-117　效果

9. Q 版人物的画法

人物造型设计中包括标准造型的三视图或四视图。设计时，可以先在纸上画好草图，扫描到计算机后在 Flash 中编辑，也可以直接在 Flash 中绘制。

下面以一位非常可爱的小女孩为例，来学习 Q 版人物的画法，完成后效果如图 3-118 所示。

图 3-118　效果

(1) 绘画脸部的基本形状。新建一个 Flash 文档，并保存文件。使用椭圆工具在舞台上画一个椭圆，作为头部的基本形状，并添加锚点，找脸部的基本形状，如图 3-119 所示。画脸型时要注意儿童的脸蛋会胖胖的，看起来很稚气的样子，所有下巴要短一点，脸颊更圆一些。

(2) 确定五官的位置，以便五官不会走形，如图 3-120 所示。

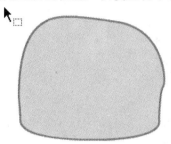

图 3-119　画脸型　　　　　　　　　　图 3-120　画五官位置

(3) 绘制头发，发型采用典型的儿童样式，也要画得圆润可爱，先绘制后面的头发，再绘制刘海，注意组合，最后绘制兔子头，如图 3-121 所示。

图 3-121　绘制头发和兔子头

(4) 画服饰。在画衣服的时候，可以参考各种儿童时装，但切记不要画得像成人一样过于时尚与暴露，衣服纹路也要依照身体的动作来画，如图 3-122 所示。

(5) 画上胳膊和腿。并注意上臂和下肢，还有手，所有的关节需要分开画，且注意组合，组合好以后，调节到相应的位置。注意整体搭配。整个人物的色彩要协调统一，对比不要过于强烈，如图 3-123 所示。

图 3-122　画服饰　　　　　　　　　　图 3-123　效果

10. 卡通人物的画法

卡通人物与 Q 版人物在人体比例和造型方面都存在着比较大的差异，但也有共同点。下面学习卡通人物的画法。绘制步骤如下：

(1) 画头部的基本形状。新建一个 Flash 文档，并保存文件。在舞台上面画一个椭圆，确定脸部的方向，画脸型。卡通人物在画时要注意脸的形状，利用颜色渐变工具，如图 3-124 所示。绘制眼睛位置的阴影部分，如图 3-125 所示。

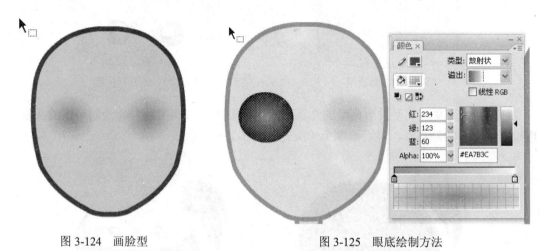

图 3-124　画脸型　　　　　　　　　　图 3-125　眼底绘制方法

(2) 确定五官的位置，画五官。年轻人的眼睛大而有神，如图 3-126 所示。

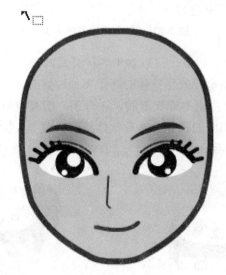

图 3-126　五官位置

(3) 画头发。利用钢笔工具先绘制头发后部，组合并调整图层的上下关系，再画刘海，并画出头发高光位置，如图 3-127 所示。

图 3-127　头发的绘制

（4）画服饰与四肢，并上基本色。绘制身体的时候应该主要从身体的内部向外画，一步一步完成，每绘制一部分运用组合，如图 3-128 所示。绘制好身体以后再绘制胳膊、外衣等。将身体的每一部分单独绘制出来，并组合，调整到相应的位置，最终效果如图 3-129 所示。

图 3-128　绘制衣服

图 3-129　最终效果

11. 写实人物的画法

写实人物是与生活中的人物比较接近的动画形象。读者在绘画过程中可以多参考现实中人物的形象、衣着与动作。

下面以一位美丽的女生为例，来学习写实人物的画法，完成后的效果如图 3-130 所示。

图 3-130　效果

绘制步骤如下：

(1) 画头部的基本形状。新建一个 Flash 文档，并保存文件。在舞台上画一个椭圆，注意不要太大，然后画出中间线，确定脸部的方向，如图 3-131 所示。

(2) 绘制脸部暗面画。用直线工具或者钢笔工具绘制线条，如图 3-132 所示，并填充颜色。

(3) 画女性脸型时线条要柔和，注意眉骨、脸颊、眼眶与下巴的位置，脸不要画得太短，如图 3-133 所示。

图 3-131　脸型

图 3-132　绘制暗面

图 3-133　五官绘制

（4）画身体结构。在画身体结构时要注意比例，先用铅笔工具画草图，然后利用添加删除锚点工具进行调节，锚点越少越圆滑越好，对草图进行修整，并处理好身体的细节部分，如图3-134所示。

图3-134　画身体结构

（5）画胳膊的时候，要注意上臂和袖子放在一起画，下臂和手单独绘制，方便以后制作动画，如图3-135所示。

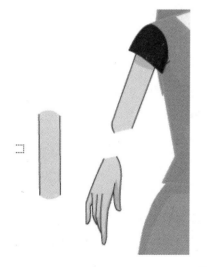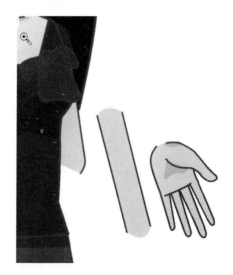

图3-135　手臂绘制

（6）绘制裙子和腿。人物的腿和脚要单独分开来绘制，并组合，上色后效果如图3-136所示。

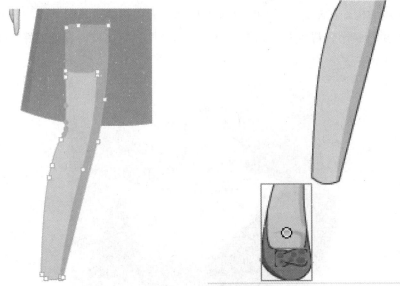

图 3-136　绘制裙子和腿

(7) 添加阴影和高光。为人物加上阴影和高光，保存文件，最终效果如图 3-137 所示。

图 3-137　参考图

思考与练习

1. 常见的动画造型设计的风格类型有哪些？
2. 位图和矢量图有哪些区别？
3. 绘制人物时应该注意哪些方面？
4. 请按照绘画要求绘制图 3-137。

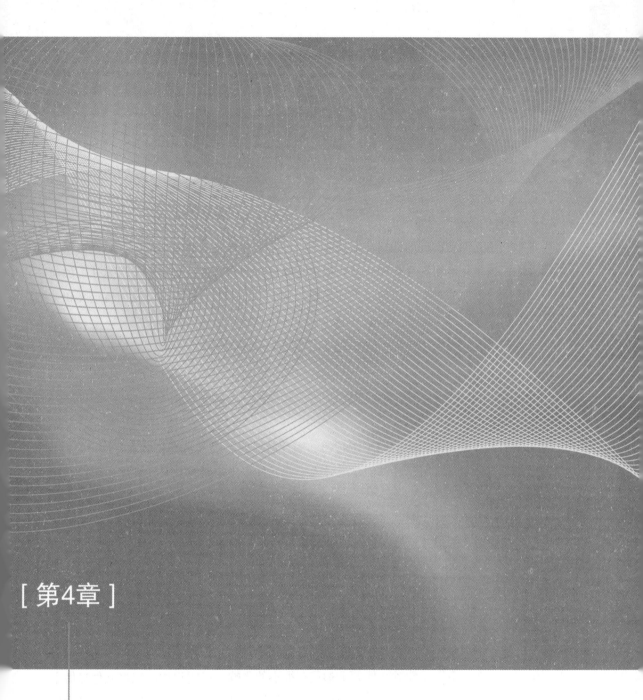

元件、实例与库

学习目标

- 区分元件和实例
- 创建与编辑元件
- 创建元件实例
- 设置实例属性
- 使用库资源
- 元件的拆分

本章介绍元件和实例的创建和编辑方法，以及元件库与公共库的使用，具体做法包括图形元件、按钮元件和影片剪辑元件的创建与操作，如何转换、复制与编辑元件，如何添加实例至舞台，如何对库中的项目进行创建、删除、重命名、查看，以及如何定义和使用公共库。

4.1 元件和元件实例

元件是存放在元件库中的图形、按钮、影片剪辑或者引入声音和电子文件，是 Flash 中最重要的概念之一。用户可以创建或导入一些元件，当需要时打开元件库，可以直接引用元件。

在 Flash 中，元件实例则是元件在工作区里的具体体现。使用元件可以大大缩减文件的大小，加快影片的播放速度，还可以使编辑影片更为简单化。

4.1.1 元件与实例

元件是一个特殊的对象，它在 Flash 中只创建一次，然后可以在整部影片中反复使用。元件可以是一个形状，也可以是动画，并且所创建的任何元件都自动成为库中的一部分。不管引用多少次，引用元件对文件大小都只有很小的影响。只需记住，应将元件当做主控对象，把它存于库中：当将元件放入影片中时，使用的是主控对象的实例，而不是主控对象本身。实例就是将元件从库中拖到舞台上的一个引用，是元件在舞台上的具体体现，元件实例的外观和动作无须与原元件一样。也就是说，可以将元件实例放置在场景中的动作看成是将一部小的影片放置在较大的影片中，而且可以将元件实例作为一个整体来设置动画效果。

注意：编辑元件库中的元件时，该元件对应的所有实例将更新。

一旦编辑元件的外观，元件的每个实例至少在图像上应能反映出相应的变化。如果想要避免出现这样的效果，可单击鼠标右键，在弹出的快捷菜单栏里选择"直接复制元件"

命令，如图 4-1 所示，并给元件重新起名。

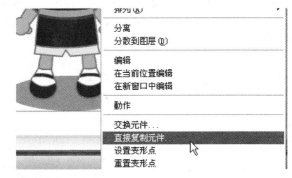

图 4-1　直接复制元件

4.1.2　元件的类型

在 Flash 中可以创建的元件类型有如下几种。

(1) 图形元件：用于静态的图像，它也可以作为动作对象，根据要求在画面中自由运动。它的缺点是在图像元件中不能插入声音和动作控制命令；优点是可以直接在时间轴中预览制作的动画效果，方便动画修改、预览效果等。图 4-2 是在"库"面板中图形元件的显示方式，以及在"属性"面板中图形元件类型的显示方式。

图 4-2　手元件

(2) 按钮元件：用于创建相应鼠标点击、滑过或其他动作的交互式按钮。按钮元件对鼠标动作作出反应，用户可以使用它们控制影片、设置一个按钮执行各种动作。在按钮元件的时间轴上有 4 个基本帧，分别表示按钮的 4 个状态。第一帧，鼠标没有在按钮上；第二帧，鼠标在按钮上方但没有按键；第三帧，鼠标键按下；第四帧，鼠标键弹起并且鼠标事件已经发生。按钮元件中可以插入动画片段元件和声音，并允许在前 3 帧插入动作控制命令，如图 4-3 所示。

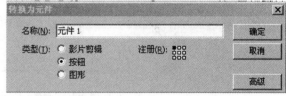

图 4-3　按钮元件

(3) 影片剪辑：用于创建可重复的动画片段。影片剪辑作为 Flash 动画中最具有交互性、用途最多及功能最强的部分，基本上是小的独立影片。它们可以包含主要影片中的所有组成部分，包括声音、动画及按钮。但是，在场景中的影片剪辑动画，按 Enter 键，不可以预览，如图 4-4 所示。

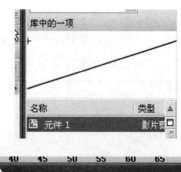

图 4-4　影片剪辑元件

4.2 创建元件

创建一个元件后，用户可以为元件的不同实例分配不同的行为。因此，用户可以使图形元件像一个按钮，或者相反，而且元件的每个实例可以具有不同的颜色、大小、旋转，它可以与其他实例表现完全不同。元件的功能强大还体现在用户可以将一种类型的元件放置于另一个元件中。因此，可以将按钮及图形元件的实例放置于影片剪辑元件中，也可以将影片剪辑元件放置于按钮元件中，甚至可以将影片剪辑的元件放置在剪辑中。

4.2.1 创建新元件

创建新元件的操作步骤如下：

(1) 执行"插入"|"新建元件"命令，出现"创建新元件"对话框，如图 4-5 所示。

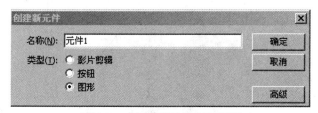

图 4-5　"创建新元件"对话框

(2) 在该对话框中为新元件指定一个名称及类型，如图形、按钮或影片剪辑。

(3) 单击"确定"按钮，Flash 会自动把该元件添加到库中。此时，将自动进入编辑元件模式，它包含新创建元件的空白时间轴和场景舞台。

另一种创建新元件的方法是：执行菜单"插入"|"转换为元件"命令(快捷键为 F8)，会弹出如图 4-6 所示的对话框。

图 4-6　"转换为元件"对话框

选好名称和类型后，单击 确定 按钮就可以了。这时工作区中刚刚选中的对象就成为新建元件的一个实例。通过执行"窗口"|"库"(或按 Ctrl+L 组合键或 F11 键)打开"图库"窗口，可以看到新建好的元件。

4.2.2 盘将选定元素转换为元件

在 Flash 中，用户可以将舞台上的一个或多个元素转换成元件。具体的操作步骤如下：

(1) 选择舞台上要转化为元件的对象。这些对象包括形状、文本，甚至是其他元件。

(2) 执行"修改"|"转换为元件"命令，弹出"转换为元件"对话框，如图 4-7 所示。

图 4-7 转换为元件

(3) 在对话框中为新元件指定一个名称及类型，如图形、按钮或影片剪辑。

(4) 执行"窗口"|"库"命令，这时，在打开的"库"面板里就可以看到新创建的元件已添加至库中，如图 4-8 所示。

单击 窗口(W) ，单击"库"，在"库"选项前有一个对号，就可以看到新创建的元件在"库"面板中。

图 4-8 "库"面板

4.2.3 特定元件的创建

正如前面所学习的，用户可以使用几乎相同的方法来创建任意类型的元件。但是，添加内容的方式和元件时间轴相对于主时间轴的工作方式根据元件类型的不同而有所变化。

1. 图形元件

当创建图形元件时，将显示与舞台和时间轴基本相同的一个舞台和时间轴。因为用户创建内容时使用的方法与主影片相同：绘画工具、工作图层及通过图形元件时间轴创建动画都相同。唯一的不同点在于声音和交互性并不作用于图形元件的时间轴。

图形元件的时间轴与主时间轴密切相关。这表明当且仅当主时间轴工作时，图形元件时间轴才能工作。如果想使元件时间轴的移动不依赖于主时间轴，则需要使用影片剪辑件。

2. 按钮元件

当创建按钮元件时，将只显示唯一的时间轴，它的 4 个帧，即"弹起""指针经过""按下""点击"表示不同的按钮元件状态，如图 4-9 所示。

图 4-9　按钮元件

- 弹起：表示当鼠标指针未放在按钮上时按钮的外观。
- 指针经过：表示当鼠标指针放在按钮上时按钮的外观。
- 按下：表示当用户单击按钮时按钮的外观。
- 点击：表示用户所定义的响应鼠标运动的区域。此处常存在一个实体对象，它与按钮的大小和形状均不同。此帧中的内容在主影片中不显示。按钮图形的时间轴实际上并不运动，它仅仅通过跳转至鼠标指针的位置和动作的相应帧，来响应鼠标的运动与操作。

虽然通常在指针经过状态下按钮突出显示，在按下状态下显示被按下，这些均简单模拟了人们使用按钮的方式，但每种状态均有其自己的外观。要创建动态按钮，需使用画图工具及层。如果用户要使按钮在某一特定状态下发出声音，需要在此状态的某层放置所需的声音。用户还可以将影片剪辑元件的实例放置至按钮元件的不同状态，以便创建动态按钮。如图 4-10 所示，就能构成一个动态按钮的动画。

  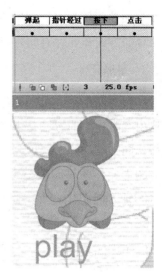

图 4-10 按钮元件

3. 影片剪辑元件

一个影片剪辑元件实际上是一个小 Flash 影片，它具有主影片的所有交互性、声音及功能。用户可以将其添加至影片剪辑按钮、声音、图形甚至其他影片剪辑中。影片剪辑的时间轴和主时间轴二者独立运行。因此，如果主时间轴停止，影片剪辑的时间轴不一定停止，仍可以继续运行。

创建影片剪辑的内容与创建主影片内容的方法相同。用户甚至可以将主时间轴中的所有内容转化至影片剪辑中。也就是说，可以在项目的不同地方重复使用创建于主时间轴的动画。

4.2.4 调用其他影片的元件

当要在当前影片中使用以前的 Flash 动画中的某个元件时，Flash 可以很轻松地做到这一点。将元件导入当前项目后，可以像其他元件一样对其进行操作。不同文件中的元件之间没有联系，编辑一个元件并不影响另一个。所以可以使用多个 Flash 项目中多个不同的元件。

要使用另一个影片中的元件，具体的操作步骤如下：

(1) 同时运行两个 Flash 动画文件，如图 4-11 所示。假如"太太乐"动画片里的元件想用在"哈哈"动画片里当元件元件。

图 4-11　"太太乐"动画片里的元件

(2) 在"太太乐"动画里找到合适的图层，单击"库"面板，如图 4-12 所示，找到"哈哈"动画文件。

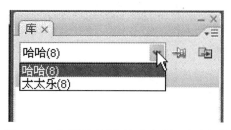

图 4-12　"库"面板中的"哈哈"动画文件

(3) 将"哈哈"动画文件库中的元件拖动至当前影片的舞台。元件以初始名自动添加至当前项目的库中，当前项目的舞台上也显示元件的一个实例。如图 4-13 所示，两个不同的动画风格元件，已经结合到同一个动画当中。

图 4-13　两个动画元件的结合

(4) 如果从 Flash 库中拖动的元件与当前库中的某个元件具有相同的名称，会出现如图 4-14 所示的"解决库冲突"对话框，这时只需要将拖进来的元件名称后添加一个数字，保证元件名称不重复即可。

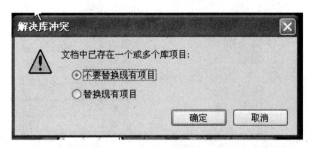

图 4-14　"解决库冲突"对话框

4.3　编辑元件

4.3.1　编辑元件步骤

1. 编辑元件

双击"库"面板中的元件图标，或者双击舞台上的元件实例，就会进入到元件当中，可对元件进行编辑。

使用元件编辑模式编辑：在舞台工作区中，选择需要编辑的元件实例，然后在元件实例上面单击鼠标右键，在弹出的快捷菜单中选择"编辑"命令，即可进入元件编辑窗口。此时正在编辑的元件名称会显示在舞台上方的信息栏中。

在当前位置编辑：在需要编辑的元件实例上单击鼠标右键，从弹出的菜单里选择"在当前位置编辑"命令。即可进入该编辑模式。此时，只有鼠标右击的实例所对应的元件可以编辑，但是其他对象仍然在舞台工作区中，以供参考，如图 4-15 所示。它们都以半透明显示，表示不可编辑。

图 4-15　进入小鸡可编辑元件状态

在新窗口中编辑：在需要编辑的元件实例上单击鼠标右键，从弹出的快捷菜单中选择"在新窗口中编辑"命令，可进入该编辑模式。此时，元件将被放置在一个单独的窗口中进行编辑，可以同时看到该元件和主时间轴。正在编辑的元件名称会显示在舞台上方的信息栏内。当编辑完成后，单击工作区右上角的"关闭"按钮，关闭该窗口，即可回到原来的舞台工作区，如图4-16所示。

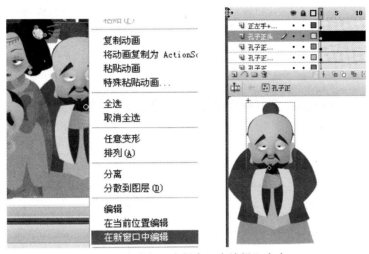

图 4-16　选择"在新窗口中编辑"命令

元件的修改：

在制作动画的过程中，如果对所创建的元件不满意也可以随时进行修改。方法是在"图库"窗口中选择要修改的元件，再双击其预览区域，就可进入编辑状态，非常方便。注意，当进入元件编辑状态时，时间轴窗口左上方会出现图标，亮白色表示目前激活的窗口。同样，用户也可以通过单击时间轴右上方切换主场景和元件的编辑画面。

4.3.2　复制元件

复制某个元件可以将现有的元件作为创建元件的起点。复制以后，新元件将添加至库中，用户可以根据需要进行修改。复制元件有下列两种方法。

1. 使用"库"面板复制元件

(1) 在"库"面板中选择要复制的元件。

(2) 在"库"面板后上方单击 按钮，弹出选项菜单。

(3) 选择"直接复制"命令，弹出"直接复制元件"对话框。

2. 通过选择实例来复制元件

(1) 从舞台上选择要复制的元件的一个实例。

(2) 执行"修改"|"元件"|"直接复制元件"命令。

(3) 在弹出的"直接复制元件"对话框里输入元件名，如图 4-17 所示，单击"确定"按钮，即可将复制的元件导入到库中。

注：操作方法为：

1) 选中要复制的元件。

2) 单击鼠标右键，在弹出的快捷菜单中选择"复制"，此时会打开如图 4-17 所示的对话框。

3) 在名称框内输入复制后的元件名称，再单击"确定"按钮即可。

图 4-17　"直接复制元件"对话框

3．删除元件

(1) 选中要删除的元件。

(2) 单击鼠标右键，在弹出的快捷菜单中选择"删除"命令即可。

4.4　创建与编辑实例

一旦创建完一个元件之后，就可以在影片中任何需要的地方，包括在其他元件内，创建该元件的实例了。用户还可以根据需要，对创建的实例进行修改，从而得到元件的更多效果。

设置实例属性，包括更改实例的色调、透明度和亮度，重新定义实例的类型，或者设置动画在图形实例中的播放形式，还可以倾斜、旋转或者缩放实例，这些修改都不会影响元件。同时，用户也可以通过"属性"面板来编辑实例的属性，如图 4-18 所示。

图 4-18　"属性"面板

4.4.1 将元件的实例添加至舞台

正如前面所提到的，从没有在影片中直接使用元件，而仅仅使用其实例。大多数情况下，这是通过将库中的某个实例拖放至舞台来完成的。

添加某元件的实例至舞台的具体操作步骤如下：

(1) 在时间轴上选择一个图层。

(2) 执行"窗口"|"库"命令，打开"库"面板。

(3) 从显示的列表中，选定要使用的元件，单击元件名并将其拖动至舞台。

这样，在舞台上将显示此元件的实例。

4.4.2 编辑实例

1. 改变实例类型

当创建好一个实例之后，在工作区右侧的实例"属性"面板中，用户还可以根据创作需要改变实例的类型，来重新定义该实例在动画中的行为。例如，如果一个图形实例包含独立于影片的时间轴播放的动画，则可以将该图形实例重新定义为影片剪辑实例。

改变实例的类型的具体操作步骤如下：

(1) 在舞台上单击选中要改变类型的实例。

(2) 在工作区右侧的实例"属性"面板的左上角的"元件行为"下拉列表中选择实例类型，如图形、按钮或影片剪辑。

2. 改变实例的颜色和透明度

用户除了可以改变大小、旋转及编辑元件实例外，还可以更改其总体颜色及透明度。这可以用多种方式使用一个元件的实例。虽然原始元件可能由具有不同颜色和透明度的对象组成，这些设置将在整体上影响此实例。

更改实例的总体颜色和透明度的具体操作步骤如下：

(1) 单击舞台上某元件的一个实例，打开实例"属性"对话框。

(2) 单击色彩效果左侧的折叠按钮，展开"色彩效果"面板，然后单击"样式"按钮，显示弹出菜单。如图" 颜色:无 "选项中选择如下选项：

- 无：使实例按其原来的方式显示，即不产生任何颜色和透明度效果。
- 亮度：可以调节实例的总体灰度。设置为100%时，实例变为白色；设置为-100%时，实例变为黑色， 颜色:亮度 0% ，如图4-19所示。

图 4-19　亮度调整

色调：可以使用色调为实例着色。此时可以使用色调滑块设置色调的百分比。如果需要使用颜色，可以在各自的文本框中输入红、绿和蓝的值　来选择一种颜色，如图 4-20 所示。

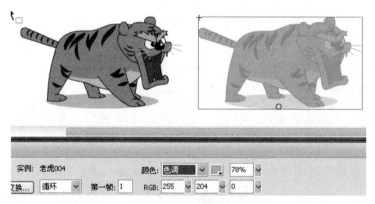

图 4-20　色调调整

- Alpha：可以调整实例的透明度。设置为 0%时，实例透明，设置为 100%时，实例最不透明，如图 4-21 所示。

图 4-21　透明度调整

- 高级：选中该选项，在"样式"下拉列表中显示高级效果设置选项，可以分别调节实例的红、绿、蓝和透明的值，如图 4-22 所示。

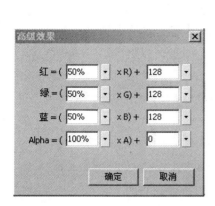

图 4-22   高级设置

3. 设置图形实例的动画

通过属性面板，用户可以设置图形实例的动画效果。

- 循环 [交换...] [循环 ▼] 第一帧：[1]：使实例从指定的帧开始播放，放映一次后再继续循环播放。
- 单帧 [交换...] [单帧 ▼] 第一帧：[1]：只显示图形元件的单个帧，此时需要指定显示的帧。
- 播放一次 [交换...] [播放一次 ▼] 第一帧：[1]：选择它只会将用户的动画播放一次后停止。

4.5 库

Flash 项目可包含上百个数据项，其中包括元件、声音、位图及视频。若没有库，要对这些数据项进行操作并对其进行操作跟踪是一项使人望而生畏的工作。对 Flash 库中的数据项进行操作的方法与硬盘上的操作文件的方法相同。

Flash 中包含大量的增强库，它们可以使在 Flash 文件中查找、组织及使用可用资源工作变得容易。

执行"窗口"|"库"命令，显示库的窗口。在关闭库之前，它一直是打开的。库窗口由以下区域组成。

选项菜单：包括使用库中的项目所需的所有命令。

文档窗口：当前编辑的 Flash 文件的名称。

Flash 的"库"面板允许用户同时查看多个 Flash 文件的库项目。单击文档名称下拉列表，可以选择要查看库项目的 Flash 文件。

预览窗口：可以预览某项的外观及其如何工作。

标题栏：描述信息栏下的内容，提供项目名称、种类、使用数等的信息。

切换排序顺序按钮：使用此按钮，可从"库"面板中创新元件，它与菜单"插入"|"新建元件"命令的作用相同。

新建文件夹按钮：使用此按钮，可从"库"面板中创建一个新文件夹。

属性按钮：使用此按钮，产生项目的属性对话框，以便可以更改选定项的设置。

删除按钮：如果选定了库中的某项，然后按下此按钮，将从项目中删除此项。

搜索栏：这是 Flash 新增的一个功能。利用该功能，用户可以快速地在"库"面板中查找需要的库项目。

在 Flash 之前的版本中，"库"面板上还有一个窄库视图按钮，分别用于最小化"库"面板，以便只显示最相关信息，此时可以使用水平滚动栏在各栏之间滚动；或最大化"库"面板，以便显示库中所有的信息。在 Flash CS4 中，已不存在这两个按钮了，用户可以直接修改"库"面板的尺寸，或拖动"库"面板底部的滚动条查看需要的库项目信息。在使用库时，用户还可以使用一些很有用的附加菜单。例如，在"库"面板中右击预览窗口，则弹出一个菜单，它可以设置所需的预览窗口背景显示。

用户可以从"库"面板中执行很多任务，这些任务一部分与库相关，其他(如创建新元件或更新导入文件)与在 Flash 的其他地方中执行任务是一件很简单的事情，下面看看库窗口的一些功能。

4.6   创建项目

用户可以从"库"面板中直接创建的项目，包括新元件、空白元件及新文件。使用"库"面板创建新元件与使用菜单"插入"|"新建元件"命令产生的效果相同。

创建文件夹的具体操作步骤如下：

(1) 在"库"面板中单击"新建文件夹"按钮，在库项目列表中就出现一个未知名的新建文件夹。

(2) 给文件夹命名为容易标识内容的名称，如"图形"。

新建文件夹添加至库目录结构的根部，它不存在任何文件夹中。从"库"面板中创建新元件的具体操作步骤如下：

(1) 在"库"面板中单击"新建文件夹"按钮，弹出"创建新元件"对话框。

(2) 给新元件命名，并为其指定一个行为，单击"确定"按钮。

新元件自动添加至库中，而且其时间轴和舞台出现，此时可以向其中添加内容。

在 Flash 8 以前的版本中，必须把组件放到舞台上后再删除，那些不包含可视元素且只能用 ActionScript 访问的组件也不例外。在 Flash CS4 中，用户可以将此类组件直接拖放到库中，而无需将其放到舞台上稍后再删除。

将组件添加到库中的具体操作步骤如下：

(1) 执行"窗口"|"库"命令，打开"库"面板。

(2) 执行"窗口"|"组件"命令，打开"组件"面板。

(3) 在"组件"面板中选择要加入到"库"面板中的组件图标。

(4) 按住鼠标左键，将组件图标从组件面板拖到"库"面板中。

4.6.1 删除无用项目

在制作 Flash 动画的过程中，往往会增加许多始终没有用到的元件，它们可能是实验性质的产物，也可能是不小心放入图库中的对象。因此，当作品完成时，应将这些没有用到的元件删除，以避免原始的 Flash 文件过大。要找到始终没用到的元件，可采取以下方法：

单击"库"面板右上角的选项菜单按钮，在弹出的快捷菜单中选择"选择未用项目"命令，如图 4-23 所示，就可以自动选定所有没有用到的元件，然后单击垃圾桶，将它们删除。

图 4-23　"选择未用项目"命令

4.6.2 重命名项

库中的每一项均有一个名称，但可以对其进行重命名。

要重命名库中的某项，选择下面方法之一即可：

- 双击项目名称。

- 右击该项目，从弹出的快捷菜单中选择"重命名"命令。

- 在"库"面板中选择此项，然后单击"库"面板底部的"项目属性"按钮，从打开的"属性"对话框中重新命名。

● 从"库"面板右上方的库选项菜单中选择"重命名"命令。

4.6.3　在库窗口中使用元件

在"库"面板中，可以快速浏览或改变元件的属性、更改其行为以及编辑其内容和时间轴。这些任务与有关元件一章中讨论的任务相似。若要从"库"面板中得到元件属性，可进行下列操作：

(1) 在"库"面板中选定此元件。

(2) 从"库"面板的选项菜单中选择属性，或在"库"面板的底部单击"属性"按钮。

若要从"库"面板中更改某元件的行为，操作如下：

(1) 右击要更改其行为的元件。

(2) 在弹出的快捷菜单中选择"属性"，然后在弹出的"元件属性"对话框的"类型"下拉列表中选定某个指定行为。

若要从"库"面板中进入元件的元件编辑模式，操作如下：

(1) 在"库"面板中选定元件，其突出显示。

(2) 从"库"面板的选项菜单中选择"编辑"命令，打开元件的舞台及时间轴进行编辑，或者双击库中的元件图标。

4.7　实例教学

4.7.1　创建一个动态按钮元件

创建一个动态按钮元件的操作步骤如下：

(1) 新建一个 Flash 文档，绘制 3 种状态的圣诞老人。

(2) 新建按钮元件，在按钮弹起状态时，圣诞老人的表情如图 4-24 所示。

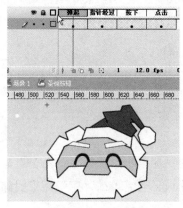

图 4-24　按钮弹起

(3) 当指针经过的时候，圣诞老人表情如图 4-25 所示。

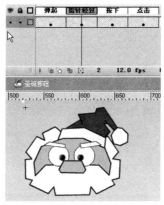

图 4-25　指针经过

(4) 当鼠标按下时，圣诞老人的表情如图 4-26 所示。

图 4-26　按钮按下

(5) 单击，定义对鼠标作出反应的区域。单击帧比较特殊，这个关键帧中的图形将决定按钮的有效范围。注意，单击帧内的图形应该大到足够包容前 3 个帧的内容，否则可能出现无法单击按钮的情况，如图 4-27 所示。

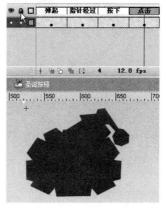

图 4-27　按钮单击

(6) 返回场景，把刚才创建的按钮元件拖入场景即可。如图 4-28 所示，并给按钮元件设置滤镜效果，为按钮添加阴影。最终效果如图 4-29 所示。

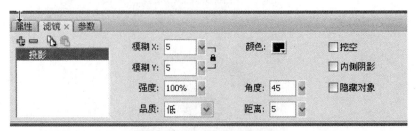

图 4-28　设置"滤镜"参数

图 4-29　最终效果

4.7.2　Q 版人物元件拆分

Q 版人物元件拆分的操作步骤如下：

(1) 打开一个 Q 版人物 Flash 动画文件，如图 4-30 所示。

图 4-30　Q 版人物

(2) 利用选择工具把整个人框选。按 F8 键创建一个元件，选择图形元件，并命名为"人物总"。

(3) 双击"人物总"元件，进入"人物总"内部，把头全选(包括五官等)，如图 4-31 所示。按 F8 键创建元件，并命名为"头"。注意不要选择后面的头发。

图 4-31　头部元件

(4) 双击进到头部元件中，选择眼睛、鼻子、耳朵、头发等，分别建立元件，并命名。如图 4-32 所示，将每个元件独立占一个图层。

图 4-32　五官元件

(5) 回到上级元件"人物总"中，单击衣袖和上臂按 F8 键新建元件为左上臂，下臂和手建立元件为左下臂，并调节关键点，右臂同理，如图 4-33 所示。

图 4-33　胳膊元件

(6) 选中身体，按 F8 键创建元件，然后再双击进入，将衣服的装饰物分别建立元件(注意：脖子是和身体一起建立在一个元件上)，如图 4-34 所示，并注意调节上身关键点应该在人物的腰部。

图 4-34　上身元件

(7) 同上，把腿和脚都分别选出来，按 F8 键创建元件，然后再双击进入，将左脚、右脚等分别建立元件，如图 4-35 所示。

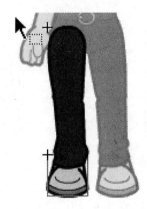

图 4-35　人物腿

(8) 选择腰部，按 F8 键新建元件，命名为"腰部"，如图 4-36 所示。

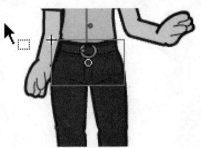

图 4-36　腰部

(9) 双击下臂元件，单击手，并按 F8 键建立元件，且调节关键点，新建图层，如图 4-37

所示。

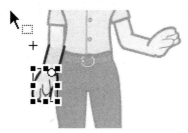

图 4-37　手元件

(10) 这样回到上级"人物总"元件中，选中所有建立好的元件，按快捷键 Ctrl+Shift+D，将元件分散到图层，每个元件独立占一个图层，如图 4-38 所示。

图 4-38　独立图层

思考与练习

1. 使用元件有哪些好处？
2. 按钮元件的几种状态及其功能是什么？
3. 将下列人物拆分元件。

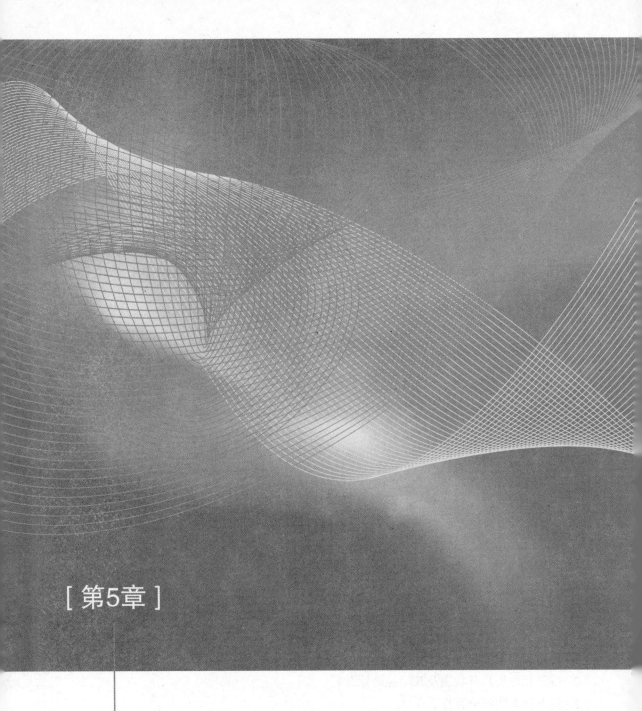

创建Flash动画

- 理解 Flash 动画的关键帧、普通帧和补间的概念
- 掌握运动补间动画的制作
- 掌握运动引导层动画的制作
- 掌握遮罩动画的制作
- 掌握形状补间动画的制作
- 掌握逐帧动画的制作

5.1 Flash 动画的制作原理

实际上，Flash 动画的制作原理与电影的原理是一样的，Flash 动画影片和电影都是由很多张静态图片组成的。在放映影片时，这些静态图片快速有序地从放映镜头前经过，利用人眼的视觉滞留效应，使人眼看到了动画，即当人眼看到一幅图像时，它的成像会短时间内停留在人的视网膜上，如果紧接着足够快地播放另一幅内容略微改动的画面时，人眼是看不出图片的相互切换的，而是连续的动画。

5.1.1 Flash 动画的帧

为了便于理解 Flash 动画的制作原理，可以将 Flash 动画与电影胶片进行对比。

电影的多幅静态画面是由电影胶片中一个个画格记录的，Flash 动画中的多幅静态画面记录在时间轴的帧中，Flash 中一幅静止画面就叫做帧。如图 5-1 所示，时间轴上有很多个关键帧，每个帧中分别记录了不同的画面。可以说，Flash 中的帧与电影胶片的画格相似。

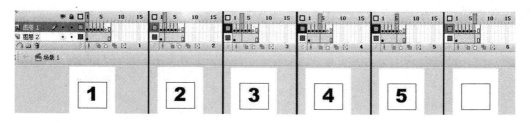

图 5-1　Flash 动画示例

Flash 动画播放时没有放映电影那样的镜头，而是有一个播放头，如图 5-1 中红色部分的所示，播放头所指示的帧的内容才会展现在舞台上。在播放动画时，播放头会按照设定的速度从左向右移动，经过多个帧，从而在舞台上有次序地展现多个帧中的画面，形成了

人眼中看到的动画。

    Flash 播放画面的速度可以在单击舞台空白处时，显示的"属性"面板中的"帧频"中设置，帧频越大，每秒钟播放画面的数量越多，看到的动画就越流畅。默认设置是 12，如图 5-2 所示。使用该值可以制作一般效果的动画。如果需要更流畅的动画，可以将帧频设为 24，对于某些网络动画，可以将帧频设置为 3~4。

图 5-2　Flash 补间动画起始帧

5.1.2　Flash 动画的类型

    Flash 动画的制作过程就是决定动画的每一帧显示什么内容的过程。

    Flash 动画最基本的制作方法就是遵循 Flash 动画原理，像前面 Flash 动画示例那样，制作很多个关键帧，依次记录内容稍有变动的多幅静止画面，这种 Flash 动画叫做逐帧动画。由于逐帧动画需要绘制很多帧的画面，所以工作量大，并且发布文件的数据量大，但逐帧动画的动作更流畅，细节更丰富。

    实际上，Flash 制作动画不常使用逐帧动画方式，而是使用 Flash 补间动画，也就是在制作动画时，只制作动作开始的帧和动作结束的帧，动画的中间帧由 Flash 软件自动计算获得。例如，制作圆形变成正方形的动画，不需要绘制这一变形动画过程中的每个画面，只需要绘制圆形和正方形的画面，然后在两个帧中间设置补间，变形过程的中间画面就由 Flash 软件通过计算自动生成。具体设置如图 5-3~图 5-5 所示。

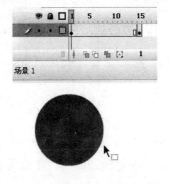

图 5-3　Flash 补间动画的起始帧

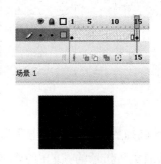

图 5-4　Flash 补间动画的结束帧

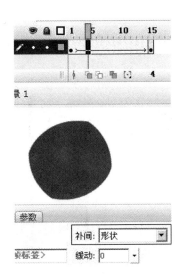

图 5-5　Flash 动画的补间设置

　　根据动画对象的不同，补间动画分为运动补间动画和形状补间动画两种。形状补间动画就是将图形对象变形的动画，即动画的对象是图形；运动补间动画是元件实例、组合、位图或文字的动画，即动画的对象不是图形，它可以是对象的位移、缩放、旋转或变色等动画。

　　除了逐帧动画、补间动画之外，Flash 还利用图层来制作一定效果的动画，如利用引导层来制作物体沿某路径运动的动画，或利用遮罩层制作遮罩下一图层内容的动画等。这些类型的动画可以统称为图层动画，如图 5-6 和图 5-7 所示。

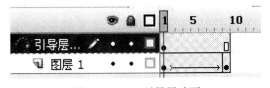

图 5-6　Flash 引导层动画

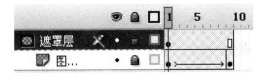

图 5-7　Flash 遮罩层动画

5.2　运动补间动画

　　运动补间动画可以制作对象的位移、缩放、旋转和变色等动画，也可以是对象位移的同时又进行了对象的缩放或旋转等。下面具体来制作这些动画。

5.2.1　位移动画

　　位移动画可以制作对象的直线运动动画。

1. 补间动画的制作

实训任务一：制作月亮升起的动画。

动画效果：

制作深蓝色的天空中，一轮柔和的月亮由左下角慢慢进入场景中，并升至场景右上角位置。

制作思路分析：

首先在最底图层绘制深蓝色天空背景，然后在上一图层绘制月亮的图形，转换为元件，制作其位移动画。

具体操作：

(1) 使用矩形工具绘制舞台大小的矩形。可以先绘制一个任意大小的矩形，打开"对齐"面板，单击"相对于舞台"下的按钮 ，单击"匹配大小"栏中的按钮 ，使矩形的宽和高匹配舞台的大小，并单击"水平居中"按钮 和"垂直居中"按钮 。修改填充颜色设置为渐变样式，从上至下渐变，上边的颜色值为"0033FF"，下边的颜色值为"66CCFF"，如图 5-8 所示。

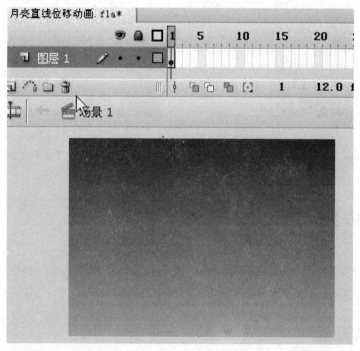

图 5-8　月亮升起动画背景

(2) 新建图层，绘制黄色圆形作为月亮，填充颜色设置为放射状样式，如图 5-9 所示。

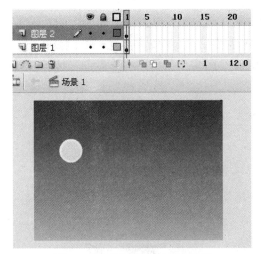

图 5-9　月亮升起动画中的月亮

(3) 将圆形转换为元件，命名为"moon"，元件类型为"图形"，如图 5-10 所示。

图 5-10　月亮转换为元件

(4) 在第 15 帧位置插入关键帧，调整第 1 帧中月亮的位置，使其位于舞台外，紧贴舞台左下角的位置，如图 5-11 所示。调整第 15 帧中月亮的位置，使其位于舞台的右上角，如图 5-12 所示。

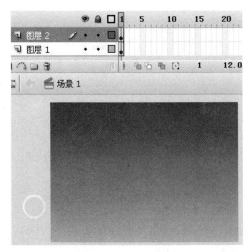

图 5-11　第 1 帧的效果

图 5-12　第 15 帧的效果

(5) 选中第 1~14 帧中的任何一帧，单击属性面板上的"补间"下拉列表，选择"动画"选项，一个运动补间动画就生成了。如果操作成功，第 1 帧和 15 帧之间会变成紫颜色背景，并出现一个长箭头，如图 5-13 所示。如果没有生成这种效果，表明动画没有制作成功，需要重新制作或修改动画。

图 5-13　设置补间

实训总结：

- 补间动画要制作好动作的开始和结束两个关键帧的画面。
- 动画的对象一定要转换为元件。
- 一个对象的动画一定要放置到独立的图层中。

实训任务二：制作小球上下弹跳动画。

动画效果：

灰色小球在地平面上原地上下弹跳。

制作思路分析：

首先在最底图层绘制直线作为地平面，然后在上一图层绘制灰色圆形作为小球，转换为元件，制作其连续的位移动画。

具体操作：

(1) 使用直线工具绘制舞台大小的黑色直线。可以先绘制一条任意大小的直线，打开"对齐"面板，单击"相对于舞台"下的按钮，单击"匹配大小"栏中的　按钮，使矩形的宽和高匹配舞台的大小，并单击"水平居中"按钮 ▣◦ 和"垂直居中"按钮 ⬚。

(2) 新建图层，绘制圆形作为小球，填充颜色设置为放射状样式，小球中间靠上位置有灰色高光效果，如图 5-14 所示。

图 5-14　小球

(3) 将圆形转换为元件，命名为"ball"，元件类型为图形，如图 5-15 所示。

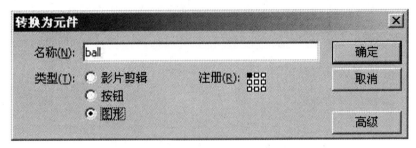

图 5-15　小球转换为图形元件

(4) 设定小球最高点位置，如图 5-16 所示，在第 15、30 帧创建关键帧，第 15 帧中小球应位于与地面接触的位置，故移动小球至合适的位置，如图 5-17 所示。

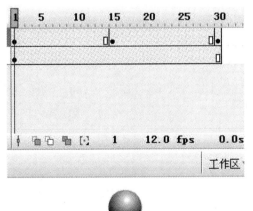

图 5-16　小球在第 1 和 30 帧的位置

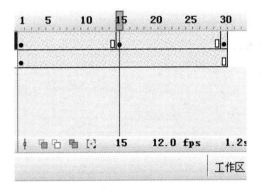

图 5-17　小球在第 15 帧的位置

(5) 用框选的方法选择 15 帧左右任意范围的帧，如图 5-18 所示，在"属性"面板中单击补间下拉列表，选择动画。

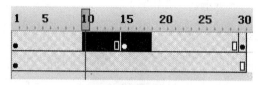

图 5-18　选中 15 帧左右任意范围的帧

这样小球上下弹跳的动画就完成了。

实训问题：

当前制作的小球位移动画总是匀速的，如何制作有变快或变慢效果的动画？

2. 补间动画缓动的设置

用户可以使用"属性"面板中的缓动设置来解决小球变快的下落动画和变慢的弹起动画，如图 5-19 所示。

图 5-19　缓动设置

具体操作：

(1) 单击第 15 帧之前的任何一帧，将"属性"面板上的缓动值设为**-100**，这样小球弹起的速度就会越来越慢。

(2) 单击 15 帧到 30 帧之间任何一帧，将"属性"面板上的缓动值设为**100**，这样小球落下速度就会越来越快。

实训总结：缓动值为"100"时，物体做减速运动；缓动值为"-100"时，物体做加速运动。

实训任务三：制作小汽车由左向右加速和减速运动动画。

具体操作：

(1) 新建文件，舞台大小设置为"550×300 像素"，其他设置保持默认设置，如图 5-20 所示。

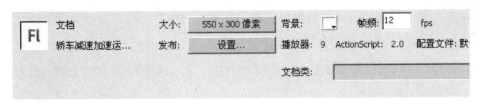

图 5-20　文档属性设置

(2) 绘制如图 5-21 所示黑色线条，作为马路，锁定该图层，以免误操作。

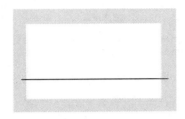

图 5-21　马路背景

(3) 新建图层，单击"文件"|"导入"导入到舞台，在弹出的"导入"对话框中找到"轿车.jpg"文件，将轿车图片导入到 Flash 中，如图 5-22 所示。

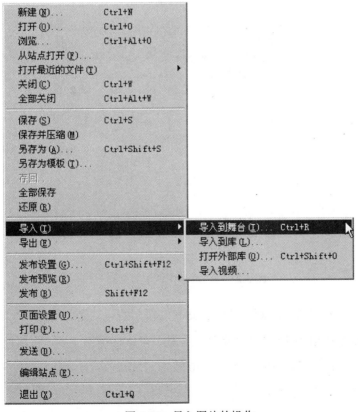

图 5-22　导入图片的操作

(4) 选中导入的图片,将其转换为元件,命名为"car",元件类型为"图形"。

(5) 将"car"元件放置到舞台最左边的马路上,在时间轴的第15帧和30帧分别创建关键帧,并将15帧的轿车移动到舞台中间的位置,将30帧的轿车移动到舞台最右边的马路上,如图5-23~图5-25所示。

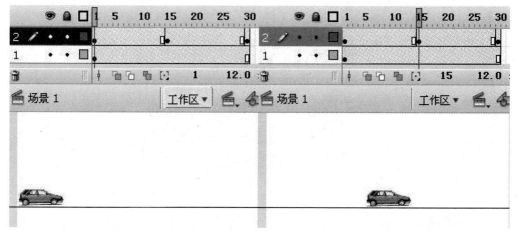

图 5-23　第 1 帧中轿车的位置　　　　图 5-24　第 15 帧中轿车的位置

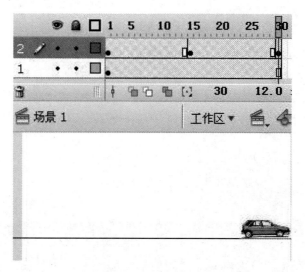

图 5-25　第 30 帧中轿车的位置

(6) 在关键帧之间创建"动画"补间。此时,轿车的运动是匀速的。

(7) 为了使轿车在第1~15帧之间做加速运动,可以选中第1帧,将属性面板中的缓动参数设置为"-100";为了使轿车在第15~30帧之间做减速运动,可以选中第15帧,将属性面板中的缓动参数设置为"100"。

这样就完成了小球由左至右、先加速后减速停下的动画。

5.2.2　缩放动画

缩放动画可以制作对象的大小变化动画。对象的缩放动画制作方法与其位移动画相似，都是要有两个关键帧，然后在关键帧之间设置动画补间，只不过，关键帧中对象之间的不同是大小的变化，而不是位置的变化。

实训任务四：文字缩放动画

动画效果：

制作文字"中秋快乐"由小变大的动画。

制作思路分析：

首先书写文字"中秋快乐"，将其转换为元件，再创建另一个关键帧，调整两个关键帧中文字的大小，最后设置两个关键帧间的补间动画。

具体操作：

(1) 新建 Flash 文件，将背景颜色设置为"#000000"，其他参数保持默认值，如图 5-26所示。

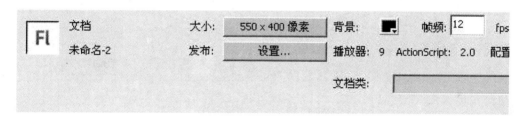

图 5-26　文档属性设置

(2) 使用工具箱中的文本工具在舞台上创建文本"中秋快乐"，属性设置如图 5-27 所示，文本居中于舞台，如图 5-28 所示。

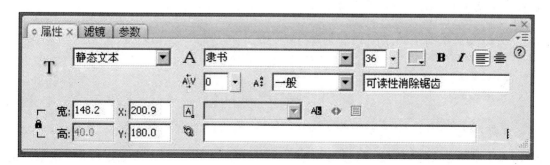

图 5-27　文本属性设置

图 5-28　文字效果

(3) 选中创建的文本，按 F8 键，将文本转换为元件，命名为"文本"，元件类型为"图形"，如图 5-29 所示。

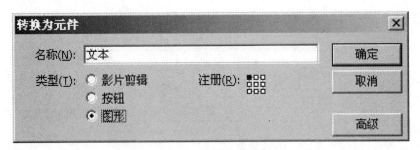

图 5-29　文字元件

(4) 在 15 帧位置创建关键帧。

(5) 使用工具箱中任意变形工具 ，调整第 1 帧文本的大小，使文本小到几乎看不到。

注意：要缩小文本，还可以通过在属性面板上"宽"和"高"中输入数值来进行调整。例如，将文本元件的宽和高调整为如图 5-30 所示的数值。

图 5-30　属性面板上的宽和高

另外，还可以通过在变形面板中的宽 100.0% 和高 100.0% 中输入变形的比例值，来精确的调整对象的宽和高的缩放。选中约束选项 约束 ，可以锁定宽和高的值，进行宽和高的等比例缩放。例如，将文本元件的宽和高设置 2.5%，如图 5-31 所示。

图 5-31　"变形"面板

(6) 在 1~15 帧之间创建动画补间。

使用 Ctrl+Enter 组合键浏览制作的动画。

本例中，以文本为对象制作了缩放动画，如果缩放动画的对象是图像，那么制作方法相同。

实训总结：

- 缩放动画要制作动画开始和结束两个关键帧的画面，两个关键帧中对象大小不同；
- 动画的对象一定要转换为元件；
- 一个对象的动画一定要放置到独立的图层中。

实训任务五：标志翻转动画

动画效果：

一个圆形标志绕竖直轴翻转。

制作思路分析：

这里要制作的是圆形标志翻转的二维动画效果，如图 5-32 所示。这样的动画可以由下面几个中间画组成。

  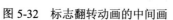

图 5-32　标志翻转动画的中间画

所以，可以将这几个画面创建为关键帧，制作关键帧之间的动画补间动画即可。这几个画面之间的动画就是图形的缩放动画。

具体操作:

(1) 新建 Flash 文档,文档属性设置如图 5-33 所示。

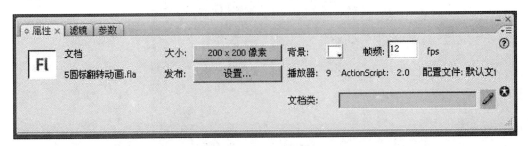

图 5-33　文档属性设置

(2) 在舞台上绘制标志图形,并转换为元件,命名为"标志","类型"为"图形",如图 5-34 所示。注意:注册选项中单击中间的小方框,这样就会以圆形标志的中心为注册点,这样,当通过属性面板中宽和高文本框来设置标志的宽和高时,标志会以其中心为原点进行改变,从而保证标志始终位于同一位置,这一点很重要。

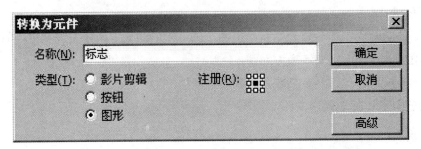

图 5-34　标志元件设置

(3) 在第 14、15、16、30、44、45、46、59 帧创建关键帧,如图 5-35~图 5-43 所示。

(4) 使用任意变形工具缩小 14 帧中标志的宽度,15 帧中标志的宽度可以设为 1,16 帧中标志的宽度与 14 帧中标志宽度接近,但已水平翻转了标志,可以通过拖拽任意变形滑块的方法来水平翻转标志,也可以通过单击菜单"修改"|"变形"|"水平翻转",来翻转标志。

图 5-35　第 1 帧画面

图 5-36　第 14 帧画面

图 5-37　第 15 帧画面

图 5-38　第 16 帧画面

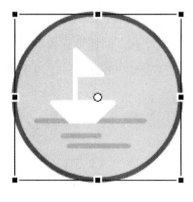

图 5-39　第 30 帧画面

图 5-40　第 44 帧画面

图 5-41　第 45 帧画面

图 5-42　第 46 帧画面图

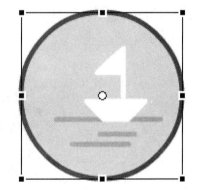

图 5-43　第 59 帧画面

(5) 按照如图 5-44 所示，在相应帧的位置创建动画补间。

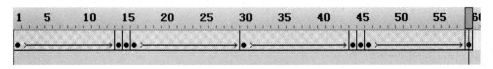

图 5-44　标志翻转动画补间设置

使用 Ctrl+Enter 组合键浏览制作的动画。

5.2.3 旋转动画

旋转动画可以制作对象以某一点为圆心旋转的动画，也可以制作以对象自身某一点为圆心而自转的动画。

实训任务六：时钟秒针走动动画

动画效果：

时钟的秒针旋转的动画。

制作思路分析：

时钟秒针旋转的动画实际上也是一种动画补间动画，同样设置两个关键帧，第一个关键帧中秒针在一个位置，另一个关键帧中秒针围绕表盘中心旋转一定角度，两个关键帧中间创建补间后，就可以形成秒针旋转的动画。

具体操作：

(1) 新建 Flash 文档，文档属性保持默认设置。

(2) 使用菜单"文件"|"导入"|"导入到舞台"，导入素材文件夹中的"钟表.png"图像，使其相对于舞台居中对齐。

(3) 绘制时针、分针、秒针，并各自转换为元件，摆放好位置，如图 5-45 所示。注意：秒针要位于单独图层，以便制作动画。

图 5-45　钟表效果

(4) 选中秒针元件，使用快捷键 Q，切换到任意变形工具，调整秒针元件的中心点至表盘的中心，如图 5-46 所示。

图 5-46　秒针元件的中心

(5) 在 15 帧创建关键帧，使用任意变形工具旋转秒针至如图 5-47 所示效果。

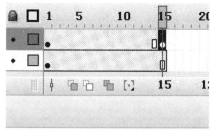

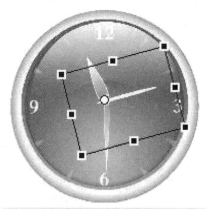

图 5-47　钟表 15 帧

(6) 在 1~15 帧之间创建动画补间。

使用 Ctrl+Enter 组合键浏览制作的动画。

实训问题：

现在只完成了秒针旋转一定角度的动画，如果要制作秒针旋转一圈的动画该怎么制作？实际上，Flash CS3 动画补间制作有设置自转的参数。

实训任务七： 秒针自转一周的动画

具体操作：

(1) 打开实训任务六完成的文件，使用菜单"文件"|"另存为"，将其另存为"秒针自转.fla"。

(2) 删除秒针所在图层的第 15 帧，然后使用快捷键 F6 再创建一个关键帧。

(3) 在 1~15 帧之间设置动画补间。注意：在此时的"属性"面板中单击 旋转：无 ▼ 下拉列表，旋转"顺时针"，则秒针就会产生自转的顺时针圆周运动动画，在其后的次数文本框中还可以输入自转的周数，如图 5-48 所示。

图 5-48 秒针自转的设置

这样就可以制作对象的自转动画。

实训任务八：轿车圆周运动动画

动画效果：

轿车沿圆形轨道做圆周运动的动画。

制作思路分析：

轿车的圆周运动实际上可以看做是轿车以圆形轨道的中心为原点做自转运动，所以该动画需要制作轿车的自转运动，只不过要将轿车的中心点设置在圆形轨道的圆心。

具体操作：

(1) 新建 Flash 文件，文档属性设置如图 5-49 所示。

图 5-49 轿车圆周运动动画的文档设置

(2) 使用椭圆工具，设置参数如图 5-50 所示，绘制一个圆形，如图 5-51 所示。

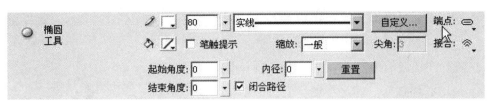

图 5-50 椭圆工具设置

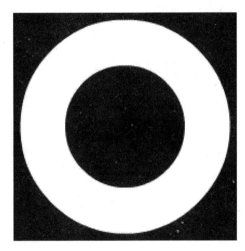

图 5-51 圆形轨道

(3) 新建图层，导入素材文件夹中的"轿车.jpg"文件，并将其转换为图形类型元件，命名为"car"，放置到圆形轨道的适当位置。在使用任意变形工具的状态下，移动轿车中心点的位置，使其位于圆形轨道的圆心，如图 5-52 所示。注意：移动轿车中心点至圆点位置时，由于打开了工具箱中的吸铁石工具 🧲，所以 Flash CS3 会帮助将轿车的中心点吸附至圆形的圆点，在具体操作时，会有吸附的感觉。

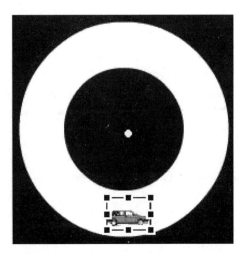

图 5-52 轿车中心点的位置

(4) 在轿车图层的第 30 帧创建关键帧，在圆形图层的 30 帧创建普通帧，这样会使圆形延续到 30 帧。

(5) 在轿车图层的 1~30 帧之间创建动画补间。

(6) 选中其中任何一帧，在属性面板中旋转下拉列表 旋转:[无 ▼] 中设置为"逆时针"，在其后的次数文本框中设置为 1。

使用 Ctrl+Enter 组合键浏览制作的动画。

实训总结:

在制作对象的自转运动时，可以通过改变对象中心点的位置，来改变对象自转圆周的半径。

5.2.4　变色动画

运动补间动画可以制作对象颜色变化，以及透明度变化的动画。

实训任务九: 文字变色动画

动画效果:

有多个文字，每个文字各有不同的颜色变化。

制作思路分析:

每个文字的颜色变化都是一个补间动画，也就是说也要至少有 2 个关键帧，只不过关键帧之间的变化是颜色的变化，元件的颜色可以通过选择元件后，在属性面板中单击 颜色:[无 ▼] 下拉列表，选择其中的色调来设置。

具体操作:

(1) 新建 Flash 文件，文档属性设置如图 5-53 所示。

图 5-53　文字变色动画的文档属性

(2) 绘制如图 5-54 所示背景，锁定该图层，以免误操作。

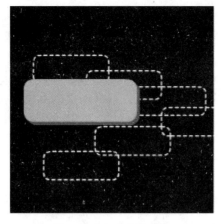

图 5-54　文字变色背景

(3) 新建图层，输入文本"文字颜色"，其属性设置如图 5-55 所示。

图 5-55　文字属性设置

(4) 选中创建的文本，使用 Ctrl+B 组合键，将文字打散，接着，右键单击文字，选择"分散到图层"命令，如图 5-56 所示。

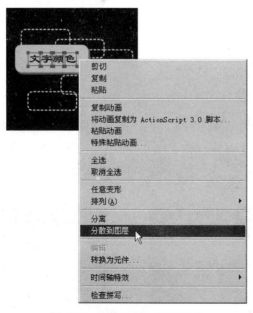

图 5-56　文字分散到图层操作

(5) 删除多余的图层。

(6) 将每个图层的文字都转换为图形类型的元件，并分别命名为"文"、"字"、"颜"、"色"。

(7) 在这几个图层的第 10、20、30 帧创建关键帧，背景图层在 30 帧创建普通帧。

(8) 选中元件"文"的第 10 帧实例，在属性面板的颜色下拉列表中选择"色调"，设置颜色为红色"#FF0000"，所占比例设为 100%，其他保持默认设置，如图 5-57 所示。

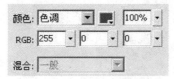

图 5-57　文字色调设置

(9) 按照上述方法，依次将文字颜色四个字的各个关键帧设置为各种合适的颜色。注意：这些文字的每个字的第 1 帧和 30 帧要保持同一颜色，否则，就会出现文字颜色突然变化，并一闪而过的效果，如图 5-58~图 5-61 所示。

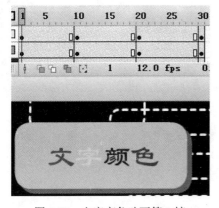

图 5-58　文字变色动画第 1 帧

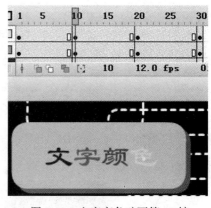

图 5-59　文字变色动画第 10 帧

(10) 在关键帧之间创建动画补间。

使用 Ctrl+Enter 组合键浏览制作的动画。

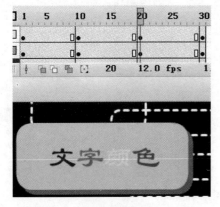

图 5-60　文字变色动画第 20 帧

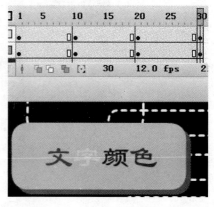

图 5-61　文字变色动画第 30 帧

实训任务十：场景淡入淡出动画

动画效果：

月亮升起场景的淡入和淡出情景。

制作思路分析：

场景淡入实际上就是场景渐渐显示的效果，也就是场景图形有透明度的变化，而 Flash 中也为元件提供了透明度调节的功能，即选中元件后，单击属性面板的 颜色:无 下拉列表，选中 Alpha 来进行设置。

具体操作：

(1) 新建 Flash 文件，文档属性设置如图 5-62 所示。

图 5-62　场景淡入淡出动画的文档属性

(2) 打开实训任务一中创建的文件"月亮直线位移动画.fla"。将文件另存为"场景淡入淡出动画.fla"，如图 5-63 所示。

(3) 新建图层，放置到最顶层，绘制舞台大小的黑色矩形，盖住整个舞台，将黑色矩形转换为图形类型的元件，命名为"黑幕"，如图 5-64 所示。

图 5-63　场景

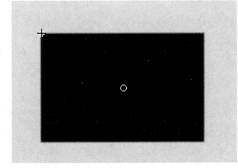

图 5-64　黑幕

(4) 在黑幕图层的第 5 帧创建关键帧。

(5) 选中第 5 帧中黑幕元件实例，单击属性面板中的颜色下拉列表，选中 Alpha 选项，在打开的属性面板中，将旁边的 Alpha 值设为 1% 颜色:Alpha 1% 。

(6) 在黑幕图层的 1~5 帧之间创建动画补间。

使用 Ctrl+Enter 组合键浏览制作的动画。

同样道理，可以制作场景淡出的动画。

(7) 在黑幕图层的第 15、20 帧创建关键帧，在其它图层的第 20 帧创建普通帧，即拖拽选择的方法同时选中其余图层的第 20 帧，按 F5 键，创建普通帧，如图 5-65 所示。

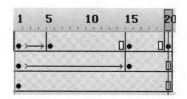

图 5-65　场景淡出帧的创建

(8) 选中第 20 帧的黑幕实例，在属性面板上将其 Alpha 值设置为 100%，则整个场景又变成了黑色。

(9) 在黑幕图层的第 15~20 帧创建动画补间。

使用 Ctrl+Enter 组合键浏览制作的动画。这样，场景的淡入淡出动画就完成了。

透明度变化的动画是很常用的动画形式，例如，可以制作文字的淡入淡出动画、制作星星闪烁动画等。

5.3　运动引导层动画

前面学过的补间动画完成的都是对象的直线运动，而很多时候，对象的运动并不完全是直线的，而是沿着某些路径的运动，例如，蜻蜓飞舞、雪花或树叶飘落、小球碰撞后弹跳等，为此，Flash CS3 中提供了运动引导层动画，即在普通的补间动画基础之上，为其添加了运动引导图层，该图层中存放了引导对象运动的路径线条，这样，与之相链接的被引导图层中的对象就会沿着其中的路径运动了，这就是运动引导层动画。

关于运动引导层动画的主要说明有：

- 运动引导层中的内容在播放动画时是不现实的；
- 引导层中可以创建多条路径，而且一个引导层可以引导多个图层的动画；
- 被引导图层中的动画必须是动画补间类型的动画，不能是形状补间动画。

实训任务十一：萤火虫飞舞动画

动画效果：

黑夜里微亮的萤火虫到处飞舞，并时远时近，从而时大时小。

制作思路分析：

运用以前学到的只是，可以制作萤火虫的直线飞舞动画，如果添加一个引导层，引导萤火虫飞舞的路径，就可以制作萤火虫到处飞舞的动画；萤火虫时大时小的变化就是缩放动画。

具体操作：

(1) 新建 Flash 文件，文档属性设置如图 5-66 所示。

图 5-66　萤火虫飞舞动画的文档属性

(2) 绘制萤火虫，如图 5-67 所示。使用椭圆工具，边框设置为无色，填充为白色，在舞台上绘制圆形，将填充设置为放射状类型，圆形内部透明度为 100%，圆形外边缘透明度为 1%，中间加一个调节块，透明度设置为 100%，如图 5-68 所示。

图 5-67　萤火虫

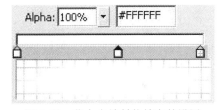

图 5-68　萤火虫放射状填充的设置

(3) 将萤火虫转换为图形类型的元件，命名为"萤火虫"。

(4) 右击该图层，在弹出的快捷菜单中选择"添加引导层"，如图 5-69 所示。

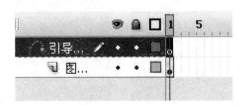

图 5-69　添加引导层

注意：这一步骤也可以由以下操作代替，即新建图层，右击该图层，在弹出的快捷菜单中选择"引导层"，那么该图层就会变为引导层，但因为没有为其设定被引导的图层，所以会呈现如图 5-70 所示的状态。

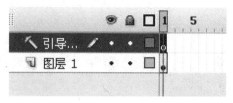

图 5-70　未设置被引导层的引导层

此时，只要将时间轴上"图层 1"向右拖拽至被引导层引导的状态即可。

(5) 在引导层中，使用铅笔或直线工具绘制萤火虫飞舞的路径，如图 5-71 所示。

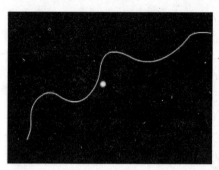

图 5-71　萤火虫飞舞的引导线

(6) 移动萤火虫实例，使其中心点穿过引导线，如图 5-72 所示。注意：如果工具箱中的吸铁石工具 🧲 已被打开，那么当萤火虫实例移动到引导线附近时，萤火虫实例会被自动吸附到引导线上。

(7) 在萤火虫图层的第 30 帧创建关键帧，引导层的第 30 帧创建普通帧。

(8) 移动第 30 帧的萤火虫实例，使其中心点穿过引导线，如图 5-73 所示。

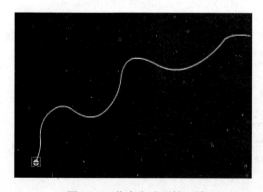
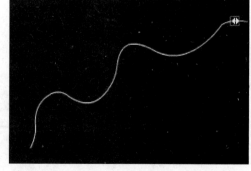

图 5-72　萤火虫动画第 1 帧　　　　　　　　　图 5-73　萤火虫动画第 30 帧

(9) 在萤火虫的 1~30 帧之间创建动画补间。

使用 Ctrl+Enter 组合键浏览制作的动画。萤火虫漫天飞舞的动画就做完了。

实训总结：引导层动画的制作只是为动画补间的图层添加了引导层，另外，引导线动画还要在属性面板上选中"调整到路径"选项，可以使对象更好地沿引导线运动。

5.4 遮罩动画

很多效果丰富的动画是在某些范围内显示一个画面，而在其它范围显示另一个画面，这些画面可以是静态的，也可以是动画，这种限定在一定区域内显示的 Flash 动画就是遮罩动画。遮罩动画是在普通的 Flash 图层上边建立的一个新的图层，图层里可以存放任意形状的"窗口"，该图层与其它图层建立遮罩与被遮罩关系后，那么就只有"窗口"范围内的画面才能最终显示，而"窗口"之外的其它图层内容都不会显示，遮罩动画就像创建了一个任意形状的探照灯一样，用这个探照灯来观看影片。

遮罩动画能制作很多特殊效果的动画，例如，水波、万花筒、百页窗、放大镜、望远镜等。

实训任务十二：探照灯动画

动画效果：
黑夜里探照灯来回移动，查看到隐藏的文字"Happy New Year"。

制作思路分析：
文字显示的动画中存在某些区域被隐藏的效果，所以，可以使用遮罩动画来完成制作。

具体操作：
(1) 新建 Flash 文件，文档属性设置如图 5-74 所示。

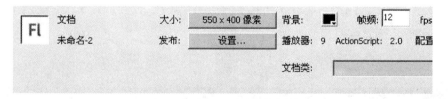

图 5-74 探照灯动画的文档属性

(2) 使用文本工具，配合对齐面板，在舞台中间创建文本"Happy New Year"，属性设置如图 5-75 所示，效果如图 5-76 所示。

图 5-75 文本设置

图 5-76　文本的舞台效果

(3) 新建图层，在其中绘制圆形，作为探照灯光束，其属性设置为边框无色，填充可以选择任意颜色，如图 7-77 所示。因为最终遮罩层中的内容是不会显示出来的，而且遮罩层中不识别透明度的属性，遮罩层中的内容只是一个形状，可以透过这个形状看到被它遮罩的图层的内容，这个图形意外区域中不能看到被它遮罩的图层内容。将圆形转换为图形类型的元件，命名为"探照灯 mask"。

图 5-77　遮罩层的圆形

(4) 将第 1 帧中的圆形实例放置到文本的一侧，在该图层的第 15、30 帧创建关键帧。在文字图层的第 30 帧创建普通帧，如图 7-78 所示。

(5) 将第 15 帧的圆形实例移动到文本的另一侧，如图 7-79 所示。

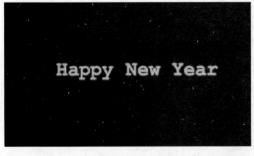

图 5-78　探照灯动画第 1 和 30 帧　　　　图 5-79　探照灯动画第 15 帧

(6) 选中 15 帧左右两边一定范围内的帧，设置动画补间。

(7) 右键单击该图层，在弹出的快捷菜单中选择该"遮罩层"，则该图层变为遮罩层，其下面的第一个图层自动变为被遮罩图层，如图 7-80 所示。

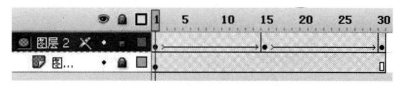

图 5-80　探照灯动画的时间轴

注意：如果还有其他图层需要被遮罩，就可以在"时间轴"面板上，将这些图层的名称向右拖拽，成为被遮罩的状态。

实训总结：

遮罩层中的内容可以是按钮、影片剪辑、图形、位图、文字等，但不能使用线条，如果一定要用线条，可以将线条转化为"填充"。 遮罩层中的对象在播放时是看不到的，所以，遮罩层中的对象中的许多属性，如渐变色、透明度、颜色和线条样式等都是被忽略的。

可以在遮罩层、被遮罩层中分别或同时使用形状补间动画、动作补间动画、引导线动画等动画手段。

要在场景中显示遮罩效果，可以锁定遮罩层和被遮罩层，如果想解除遮罩，只需单击"时间轴"面板上遮罩层或被遮罩层上的图标 🔒 ，将其解锁。

在制作过程中，遮罩层经常挡住下层的元件，影响视线，无法编辑，可以单击遮罩层时间轴面板的显示图层轮廓按钮，使之变成，使遮罩层只显示边框形状。

在被遮罩层中不能放置动态文本。

一个遮罩层可以作为多个图层的遮罩层。

遮罩层中只能包含一个元件。

实训任务十三：文字走光动画

动画效果：

文字上有来回闪动的光标。

制作思路分析：

闪动的光标被限定了显示的范围，即只在文字范围内显示，所以要做光标的遮罩动画。

具体操作：

(1) 新建 Flash 文件，文档属性设置如图 5-81 所示。

图 5-81　光标走光动画的文档属性

(2) 使用文本工具，配合"对齐"面板，在舞台中间创建文本"新年快乐"，属性设置如图 5-82 所示。

(3) 新建图层，使用矩形工具绘制细长条矩形，边框无色，填充为线性渐变效果，从透明度为 100%的白色渐变为透明度为 1%的白色。

图 5-82　光标图形

(4) 将绘制的白色透明条转换为图形类型的元件，并旋转，使其倾斜一定角度，放置到文字的左边，如图 5-83 所示。

图 5-83　光标元件

(5) 在光标图层的第 15、30 帧创建关键帧，文字图层的第 30 帧创建普通帧。

(6) 调整光标图层第 15 帧中光标的位置，使其位于文字的右边，如图 5-84 所示。

图 5-84　文字走光动画第 15 帧

(7) 选中 15 帧左右任意范围的帧，设置动画补间。

(8) 下面开始创建遮罩层内容，新建图层，遮罩层中应放置什么图形呢？光标走光的动画是被限定在文字范围内的，所以，遮罩层中的内容就应该是舞台上的文本，如图 5-85 所示。因而，复制当前的文本，到新建的图层中将文本粘贴到当前位置，可以使用快捷键 Ctrl+Shift+V，或单击右键菜单，在弹出的快捷菜单中选择"粘贴到当前位置"。

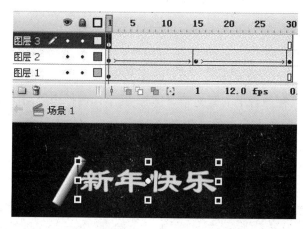

图 5-85　遮罩层内容

(9) 将新建的图层设为遮罩层，则光标所在图层自动变为被遮罩层。

使用 Ctrl+Enter 组合键浏览制作的动画。

5.5　形状补间动画

Flash 的补间动画包括动画补间和形状补间，形状补间动画也是 Flash 中非常重要的表现手法之一，只不过，形状补间动画针对的对象是舞台上的图形，而不是元件或组合。

运用它可以创建各种奇妙的、不可思议的变形效果，例如人的头发飘舞、衣襟飘动、液体流淌等丰富细腻、随意的变形动画，如果对 Flash 系统生产的变形效果不是很满意，还可以使用 Flash 提供的变形提示点功能。

实训任务十四："1"变为"2"动画

动画效果：

由文字"1"变为文字"2"的变形动画。

制作思路分析：

按照动画补间的制作方法，本例中也要创建两个关键帧，分别存放文字"1"和文字"2"，然后创建补间，但运用动画补间是难以作出细腻的变形动画的，这时可以使用形状补间动画来完成。

具体操作:

(1) 新建 Flash 文件,文档属性设置如图 5-86 所示。

图 5-86　1 变 2 变形动画文档属性

(2) 使用文本工具在舞台上书写文字"1",其字体属性为"Arial Black",在字号文本框中输入"150",颜色设为白色"#FFFFFF",使文本居中于舞台。操作方法是选中文本,打开"对齐"面板,单击"相对于舞台"按钮,然后单击"水平居中"按钮和"垂直居中"按钮,这样就使文本居中于舞台了,如图 5-87 所示。

(3) 在第 15 帧的位置创建关键帧,将文本"1"修改为文本"2",如图 5-88 所示。

图 5-87　第 1 帧

图 5-88　第 15 帧

(4) 分别选中文本"1"和"2",使用快捷键 Ctrl+B,将这两个文本分别打散。

(5) 选中第 1 帧与 15 帧之间的任何一帧,在"属性"面板的"补间"下拉列表中选择"形状",如图 5-89 所示。

图 5-89　形状补间设置

现在,由文字 1 变成文字 2 的动画就完成了,使用快捷键 Ctrl+Enter 可以浏览影片。

实训问题:

此时的变形动画比较乱,不是理想的变形。

这一问题可以通过添加形状提示来解决。

具体操作:

(1) 选择第 1 帧的形状"1",单击菜单"修改"|"形状"|"添加形状提示",就会在图形中间出现如图 5-90(a)所示的红色标志。再次添加形状提示时,可以只用快捷键 Ctrl+Shift+H,对于本例添加两个形状提示就足够了,如图 5-90(b)所示。

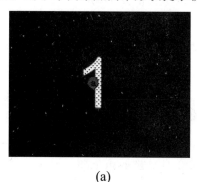 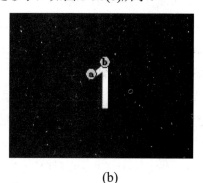

(a) (b)

图 5-90 第 1 帧添加形状提示效果

(2) 选择第 15 帧,即另一个关键帧,就可以看到已添加好了形状提示,需要我们将形状提示点移动到相应的位置上,使其与第 1 帧中形状提示点的位置相对应,注意:如果有多个形状提示点时,要按逆时针顺序排列。如果形状提示点变成绿色,则表明形状提示点添加成功,如图 5-91 所示。

图 5-91 第 15 帧添加形状提示效果

此时,形状补间动画的效果已经非常理想了。

很多形状补间动画用上述方法都能获得很好的效果。例如,翻书页的动画、头发飘动动画等。

实训总结:

在哪放置形状提示点是很重要的,通常,形状提示点应放置于不需要图形变化的位置,如本例中放置在 1 的顶端,从而使 1 的顶端变成 2 的顶端,进而使整个变形动画不乱。

5.6 逐帧动画

形状补间动画可以制作比较灵活的变形效果，但制作起来比较麻烦，例如制作海浪潮涌的动画时，如果使用形状补间动画的方法会很麻烦，而且动画效果也不很理想，所以，近年来，经常用逐帧动画代替形状补间动画来实现灵活的变形动画。

在时间帧上逐帧绘制帧内容称为逐帧动画，由于是一帧一帧的画，所以逐帧动画具有非常大的灵活性，几乎可以表现任何想表现的内容。

创建逐帧动画的常用方法有以下几种：

(1) 用导入的静态图片建立逐帧动画。即用 JPG、PNG 等格式的静态图片连续导入 Flash 中，就会建立一段逐帧动画，类似于自动播放的幻灯片。

(2) 绘制矢量逐帧动画。即用鼠标或压感笔等在场景中一帧帧的画出帧内容，目前，很多网络上流行的很多精美的动画都是由制作人员逐帧绘制出来的。

(3) 文字逐帧动画。即用文字作为帧中的元素，实现文字跳跃、旋转等特效。

(4) 导入序列图像。可以导入 GIF 序列图像、SWF 动画文件或者利用第三方软件(如 Swish、Swift 3D 等)产生的动画序列。

实训任务十五：企鹅转身动画

动画效果：

企鹅转身的 3D 动画效果。

制作思路分析：

只是运动补间动画是难以作出效果逼真的 3D 动画的，所以要在 Flash 中制作 3D 效果的动画，需要使用逐帧动画的方法。

具体操作：

(1) 新建 Flash 文件，文档属性保持默认设置。

(2) 单击菜单"文件"|"导入"|"导入到舞台"，在打开的对话框中找到素材文件夹中的企鹅图片，选择打开第一幅图片"image1.png"，可以选择图片后，单击"打开"按钮，或者双击该图片文件，会弹出如图 5-92 所示的对话框。

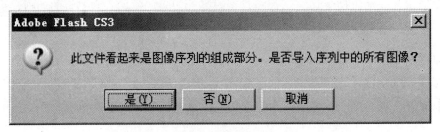

图 5-92 导入图像序列对话框

单击"是"按钮，则会导入图像序列中的所有图像，并依次创建多个关键帧，每个关键帧中存放一幅图像。

使用快捷键 Ctrl+Enter 浏览制作的动画。

实训问题：

如果要移动企鹅的位置该怎么办？因为默认情况下，只能编辑一个帧中的内容，改变一个帧中企鹅的位置后，改变另一个帧中内容是，还要采用合适的方法，才能保证与前一帧中企鹅的位置相同，所以这样编辑会很麻烦，那该怎样做呢？

这一问题可以使用编辑多个帧按钮来解决。单击"编辑多个帧"按钮，就可以同时编辑时间轴上大括号包含的多个帧中的内容，如图 5-93 所示。

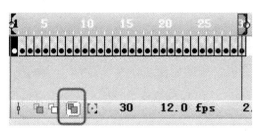

图 5-93 编辑多个帧按钮

具体操作：

(1) 单击"编辑多个帧"按钮。

(2) 选中时间轴上企鹅图片所在的所有帧，如图 5-94 所示。

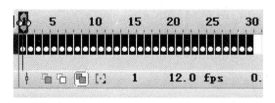

图 5-94 选中多个帧

(3) 拖动大括号，使括号包含选中的所有帧，如图 5-95 所示。

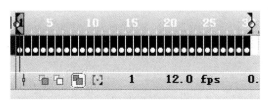

图 5-95 拖动大括号

(4) 使用选择工具移动企鹅的位置，或改变企鹅的大小等。

(5) 调整好企鹅位置后，再次单击"编辑多个帧"按钮，恢复到默认的编辑状态。

使用 Ctrl+Enter 组合键浏览制作的动画。

实训总结：实际上，本实例的问题最简单的解决方法就是将这里的逐帧动画创建到元件中，即先创建元件，然后在元件中导入图像序列。

实训任务十六：文字闪动动画

动画效果：

文本"幸福的日子像花一样"逐字显示出来。

制作思路分析：

制作文字的逐帧动画，即第 1 帧显示一个字，下一帧或隔几帧再多显示一个文字，这样，逐步显示整句话。

具体操作：

(1) 新建 Flash 文件，文档属性保持默认设置。

(2) 使用文本工具，在舞台中间创建文本"幸福的日子像花一样"，如图 5-96 所示。

(3) 选中文本，使用 Ctrl+B 组合键将文本打散，如图 5-97 所示。

图 5-96　输入文本 　　　　　　　　　　图 5-97　打散文本

(4) 在第 3、5、7、9、11、13、15、17 帧依次创建关键帧，第 18 帧创建普通帧。

(5) 从第 17 帧开始向前，或从第 1 帧开始向后依次删除关键帧中的多余文字。例如，删除第 1 帧中"幸"字以外的文字，再删除第 3 帧中"幸福"以外的文字，这样依此类推，从而获得逐字显示出整句话的动画。

使用 Ctrl+Enter 组合键浏览制作的动画。

实训总结：逐帧动画是完全遵照传统动画原理的 Flash 动画。

5.7　时间轴特效

5.7.1　时间轴特效介绍

Flash CS3 中可以使用时间轴特效来为文本、图形、图像和元件快速添加动画特效。

选择菜单"插入"|"时间轴特效"，可以为对象添加三类动画特效，分别是"变形/转换"、"帮助"和"效果"。

"变形"命令可以通过调整对象的位置、旋转度、不透明度和颜色等来产生动画效果，如图所示。

"转换"命令可以通过调整对象淡化方式和擦除方式来产生动画效果。

"帮助"中的"分散式直接复制"命令用于复制对象，使对象产生层层叠加的效果，如图 5-98 所示。

图 5-98　分散式复制

"帮助"中的"复制到网格"命令用于按设置的行数和列数复制对象，如图 5-99 所示。

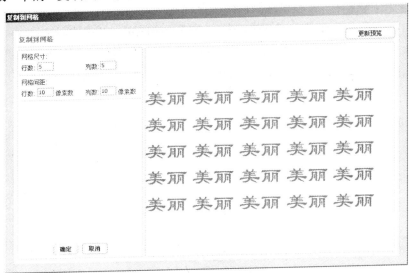

图 5-99　复制到网格

"效果"中的"分离"命令用于使对象分裂、旋转、弯曲，产生爆炸的效果。

"效果"中的"展开"命令用于放大或缩小对象。在应用于多个文字或对象时，特效的简单快捷特点会体现的最明显。

"效果"中的"投影"命令用于为对象设置投影动画。

"效果"中的"模糊"命令可以通过调整对象的分辨率、位置以及缩放比例，使对象产生运动模糊的效果。

时间轴特效的使用非常简单，只要为对象添加某一特效，然后设置几个简单的参数即可。将时间轴特效应用于影片剪辑时，Flash将把特效嵌套在影片剪辑中。

要创建时间轴特效，可以选中对象，选择菜单"插入"|"时间轴特效"来创建所需效果的时间轴特效。

要编辑已经添加的时间轴特效，可以选中对象，选择修改/时间轴特效/编辑特效，在打开的对话框中进行编辑。

要删除时间轴特效，可以选中对象，选择菜单"修改"|"时间轴特效"|"删除特效"命令。

5.7.2　时间轴特效应用

实训任务十七：文字模糊发散动画

动画效果：
文本"新年好"慢慢变大并模糊的效果。

具体操作：
(1) 新建Flash文件，文档属性保持默认设置。

(2) 使用文本工具，配合"对齐"面板，在舞台中间输入文本"过年好"。

(3) 选中文本，选择菜单"插入"|"时间轴特效"|"效果"|"模糊"，在打开的"模糊"对话框中左侧设置相应的参数，可以单击"更新预览"按钮来预览模糊的效果，如图5-100所示。

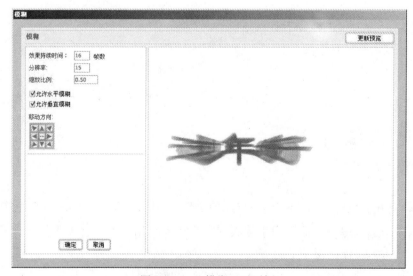

图 5-100　"模糊"对话框

5.8 滤镜

在 Flash CS3 中可以给文本、影片剪辑和按钮添加滤镜效果，从而能轻松地实现一些绘制效果和动画效果。

5.8.1 滤镜的创建

实训任务十八：文字应用投影滤镜

动画效果：

使用滤镜为文本"实战"添加投影。

具体操作：

(1) 新建 Flash 文件，文档属性保持默认设置。

(2) 使用文本工具，配合"对齐"面板，在舞台中间创建文本"实战"。

(3) 选择舞台上的文本，打开属性检查器中的"滤镜"选项卡，单击"添加滤镜"按钮，打开"滤镜"菜单，可以看到，"滤镜"菜单上可以选择应用的滤镜有投影、模糊、发光、斜角、渐变发光、渐变斜角和调整颜色。单击某个滤镜，则对象就被应用这种滤镜，属性检查器中也会出现相应的选项以供更多的调节。

为舞台上的文本添加投影滤镜，详细设置如图 5-101 所示。

图 5-101　投影滤镜

5.8.2 滤镜介绍

1. 投影

"投影"滤镜给对象添加投影效果，如图 5-101 所示。

拖动"模糊 X"和"模糊 Y"滑块可以设置投影的宽度和高度。在默认状态下，"模糊

X"和"模糊 Y"滑块是锁定在一起的，也就是拖动其中一个滑块，另一个的数值也会跟着变化。我们可以单击打开锁定状态，这样就可以单独调节"模糊 X"和"模糊 Y"的数值。

"颜色"弹出面板可以选择设置阴影颜色。

"强度"设置阴影暗度，数值越大，阴影就越暗。

在"角度"数值框中设置阴影的角度，或者单击滑块可以拖动角度盘。

拖动"距离"滑块，设置阴影与对象之间的距离。

选中"挖空"复选框可以挖空源对象(在视觉上隐藏源对象)，在挖空图像上只显示投影，如图 5-102 所示。

图 5-102　挖空效果

选择"内侧阴影"复选框，在对象边界内应用阴影。

选中"隐藏对象"复选框，隐藏对象，只显示其阴影。

拖动"品质"滑块选择投影的质量级别。设置为"高"近似于高斯模糊。设置为"低"，可以获得最佳的回放性能。

2. 模糊

"模糊"滤镜给对象添加模糊的效果，如图 5-103 所示。

拖动"模糊 X"和"模糊 Y"滑块可以设置模糊的宽度和高度，可以单击打开默认的锁定状态，单独调节"模糊 X"和"模糊 Y"的数值。

拖动"品质"滑块选择投影的质量级别。设置为"高"近似于高斯模糊。设置为"低"，可以获得最佳的回放性能。

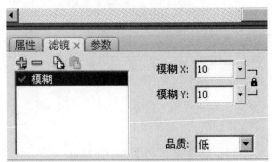

图 5-103　模糊滤镜

3. 发光

"发光"滤镜给对象添加发光的效果，如图 5-104 所示。

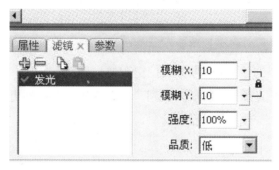

图 5-104　发光滤镜

拖动"模糊 X"和"模糊 Y"滑块可以设置发光的宽度和高度，可以单击打开默认的锁定状态，单独调节"模糊 X"和"模糊 Y"的数值。

在"颜色"弹出面板上选择设置发光颜色。

拖动"强度"滑块设置发光的强度。

选中"挖空"复选框挖空源对象，并在挖空图像上只显示发光。

选择"内测发光"复选框，在对象边界内应用发光。

4. 斜角

斜角滤镜向对象应用加亮效果，使其看起来凸出于背景表面，如图 5-105 所示。

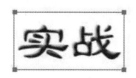

图 5-105　斜角滤镜

在"类型"选项，选择斜角的类型，可以创建内斜角、外斜角或者完全斜角。

拖动"模糊 X"和"模糊 Y"滑块可以设置斜角的宽度和高度，可以单击打开默认的锁定状态，单独调节"模糊 X"和"模糊 Y"的数值。

在"阴影"选项，单击"颜色"面板选择设置阴影的颜色。

在"加亮"选项，单击"颜色"面板选择设置加亮的颜色。

拖动"强度"滑块，设置斜角的不透明度，而不影响其亮度。

在"角度"选项，输入数值或者拖动角度盘，设置斜边投下的阴影角度。

在"距离"选项，输入数值来设置斜角的宽度。

选中"挖空"复选框，挖空对象并在挖空图像只显示斜角。

拖动"品质"滑块选择斜角的质量级别。设置为"高"得到更精细的斜角效果；设置为"低"，可以获得最佳的回放性能。

5. 渐变发光

渐变发光可以给对象添加带渐变颜色的发光效果，如图 5-106 所示。

在"类型"选项，选择要为对象应用的发光类型。可以选择内侧发光，外侧发光或者整个发光。

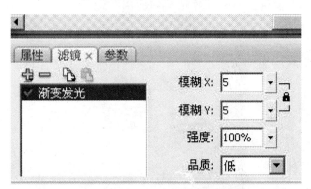

图 5-106　渐变发光滤镜

拖动"模糊 X"和"模糊 Y"滑块可以设置发光的宽度和高度

拖动"强度"滑块，设置阴影与对象之间的距离。

选中"挖空"复选框挖空源对象并在挖空图像上只显示渐变发光。

在渐变定义栏指定发光渐变的颜色。第一个颜色指针的 Alpha 值为 0，可以在这个指针上单击颜色指针下方的颜色空间，打开"颜色"面板，调整其颜色，其他颜色指针不仅可以换颜色也可以移动位置。我们可以在渐变定义栏上增加颜色指针，最多可添加 15 个颜色指针。在渐变定义栏拖动颜色指针改变其位置，将颜色指针拖离渐变定义栏可以删除这个颜色指针。

选择渐变发光的质量级别，设置为"高"就近似于高斯模糊，设置为"低"，则获得最佳的回放性能。

6. 渐变斜角

渐变斜角给对象应用凸起的效果，并且斜角表面有渐变色，如图 5-107 所示。

在"类型"选项，选择要应用到对象的斜角类型，可以选择内斜角、外斜角或者完全斜角。

拖动"模糊 X"和"模糊 Y"滑块可以设置发光的宽度和高度。

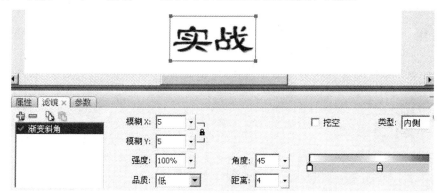

图 5-107　渐变斜角滤镜

拖动"强度"滑块，设置斜角的不透明度，而不影响其宽度。

在"角度"选项，输入数值或者拖动角度盘，设置光源的角度。

在"距离"选项，输入数值来设置斜角的宽度。

选中"挖空"复选框，挖空源对象，并在挖空图像上只显示渐变斜角。

在渐变定义栏可以指定斜角的渐变颜色，必须有 3 个以上的颜色指针，其中中间的颜色指针 Alpha 的值为 0，它的位置不可以移动，但是可以单击颜色指针下方的颜色空间，在弹出的颜色面板中选择设置颜色，我们可以在渐变定义栏添加颜色指针，最多可以添加 15 个颜色指针。在渐变定义栏拖动颜色指针可以改变其位置，将颜色指针拖离渐变定义栏可以删除这个颜色指针。

拖动"品质"滑块选择斜角的质量级别。设置为"高"得到更精细的渐变斜角效果。设置为"低"，可以获得最佳的回放性能。

7. 调整颜色

使用"调整颜色"可以改变对象的亮度，对比度、饱和度和色相，如图 5-108 所示。

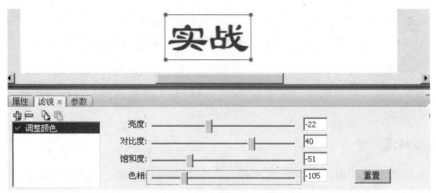

图 5-108　调整颜色滤镜

拖动所要设置的颜色属性滑块，或者在输入框中输入数值。

亮度：调整对象亮度，数值范围为-100~100。

对比度：调整对象的加亮、阴影及中调。数值范围为-100~100。

饱和度：调整颜色的强度。数值范围为-100~100。

色相：调整颜色的深浅。数值范围为-100~100。

思考与练习

1. 如果要制作加速运动的动画，应设置哪个参数？

2. 创建关键帧的快捷键是什么？创建普通帧的快捷键是什么？关键帧与普通帧有什么区别？

3. 遮罩层中的内容在发布影片后可见吗？引导层中的内容在发布的影片中可见吗？

4. 要同时编辑多个帧，则应使用哪个按钮？

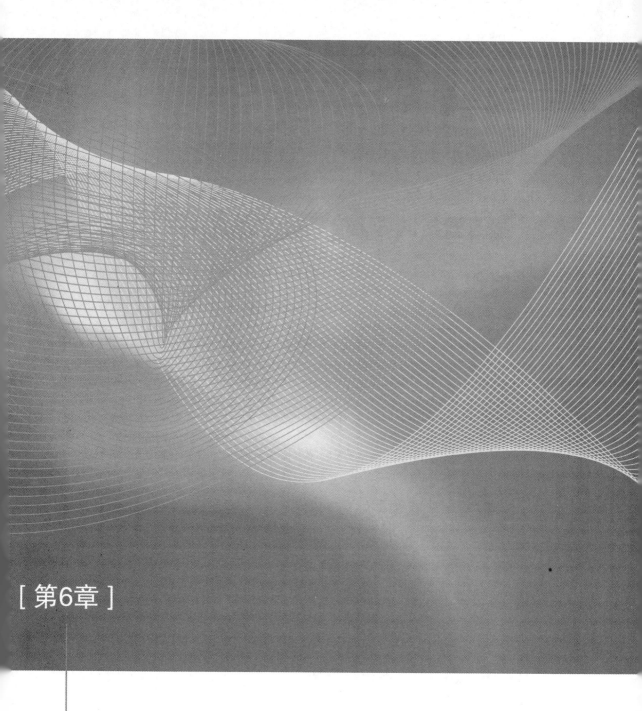

第6章

Flash动画后期合成

学习目标

- 掌握如何导入声音素材
- 掌握各种滤镜的效果
- 掌握各种时间轴特效的效果

6.1 声音素材的导入

6.1.1 音频的导入

在 Flash 动画中可以在适当的时候添加声音，以增强 Flash 作品的吸引力，但 Flash 本身没有制作音频的功能，在实际制作过程中，常用其他音频编辑工具录制一段音频文件，再将其加入到 Flash 作品中。Flash CS4 支持的音频文件有 wav、mp3、asf 和 wmv 4 种格式。

其具体操作如下：

(1) 执行"文件"|"导入"|"导入到库"命令，打开如图 6-1 所示的"导入到库"对话框。

图 6-1 导入音频

(2) 在该对话框的"查找范围"下拉列表中指明了音频文件的路径，列表框中将显示出该文件夹下的所有音频文件，选择需要导入的声音文件后单击"打开"按钮。

(3) 按 Ctrl+L 组合键打开"库"面板，在库中可以看到音频图标，表示已成功导入音频文件，图标后的字符串就是导入的音频文件名，如图 6-2 所示。

图 6-2　"库"面板

(4) 当导入音频的时候，如果出现如图 6-3 所示的提示对话框，表明该音频采样率过高，需要借用其他软件调整其采样率，或者选择另外一首歌曲。

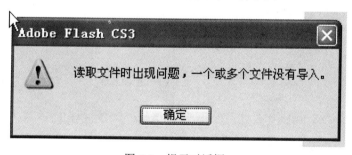

图 6-3　提示对话框

6.1.2　添加声音

添加声音的操作步骤如下：

(1) 创建一个用来放置声音的图层。

(2) 将声音加入到不同的帧，需要先添加空白关键帧，再添加音频。

(3) 在"帧属性"面板中设置声音选项。

1. 在图层中添加声音

(1) 在图层控制区单击插入图层按钮，插入一个新图层将其命名为"声音"，作为音频层，在音频层上按 F6 键创建一个关键帧，作为音频播放的开始帧。当音频结束以后，需要插入一个空白结束帧，作为音频结束的结束帧。添加音频时，可直接从"库"面板中拖曳到指定的空白关键帧，如图 6-4 所示。

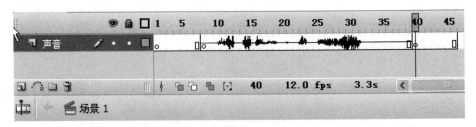

图 6-4　音频设置

(2) 添加声音时，还可以打开"属性"面板，在该面板中单击声音右侧的按钮，在弹出的下拉列表框中选择需要的音频，如图 6-5 所示。

图 6-5　声音添加

提示：

如果列表中没有所需的音频，可执行"文件"｜"导入"命令导入音频。

(3) 选取插入的关键帧，在"声音"列表中选取与起始帧相同的音频文件，在"同步"下拉列表框中选择"停止"选项，如图 6-6 所示。

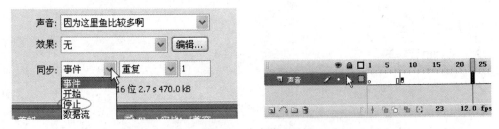

图 6-6　声音停止

2. 给按钮添加声音

在交互动画中，按钮是使用较多的一种元件，可以为按钮的每一种状态添加声音，制作出生动的动画效果，其具体操作如下：

(1) 打开一个需要为按钮添加声音的文件，进入按钮编辑场景中，如图 6-7 所示。

图 6-7　设置"弹起"帧

(2) 选中"指针经过"帧，插入空白关键帧，执行"文件"|"导入"|"导入到库"命令，打开"导入到库"对话框。在该对话框选中需要的声音，单击"打开"按钮导入声音文件，如图 6-8 所示。在"库"面板将声音文件拖动到"指针经过"帧中。

图 6-8　设置"指针经过"帧

(3) 在"属性"面板的"声音"列表中选择导入的声音文件，在"效果"下拉列表框中选择需要的效果，在"同步"下拉列表框中选择"事件"选项，即可给该"指针经过"帧加入音频文件。

(4) 在"循环"文本框中输入音频循环播放的次数。要想不停地播放，可以输入一个较大的值，如图 6-9 所示。

155

图 6-9　设置"属性"面板

(5) 单击"场景 1"按钮,从元件编辑区切换到场景中。按 Ctrl+Enter 组合键测试效果。

提示:

如果将给按钮添加的声音和按钮元件一起保存,当引用按钮元件时,声音也一同被引用,因此不必每次引用按钮时都给按钮添加声音。在"属性"面板的"同步"下拉列表中包括许多选项,各选项的具体含义如下。

- 事件:使声音与事件的发生合拍。当动画播放到声音的开始关键帧时,事件音频开始独立于时间轴播放,即使动画停止了,声音也要继续播放直至完毕。
- 开始:与事件音频不同的是,当声音正在播放时,有一个新的音频事例开始播放。
- 停止:停止播放指定的声音。
- 数据流:用于在互联网上播放流式音频。Flash 自动调整动画和音频,使它们同步。在输出动画时,流式音频混合在动画中一起输出。

提示:

当把鼠标移到按钮上时,Flash 就会播放导入的声音。如果听不到声音,可在"属性"面板中单击"编辑"按钮对导入的声音进行调整。

6.2　Flash 动画图层的组织

6.2.1　Flash 动画格式

在 Flash 动画制作过程当中,基本的动画格式如图 6-10 所示。

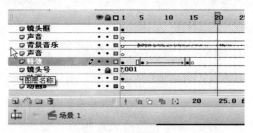

图 6-10　动画格式

1. 镜头框

镜头框一般是指该动画镜头的大小，主要用于控制制作出来的动画不要跑到舞台的外面，让用户对舞台动画进行限制。如图 6-11 所示，镜头框的大小，一般控制舞台的大小。

图 6-11　镜头框

2. 声音

声音图层一般包括背景声音图层，对白声音图层，特效声音图层等。声音越多，加的声音图层就越多。

3. 特效

特效图层一般用来制作特殊效果，如动画的转场、淡入淡出效果等，如图 6-12 所示。

图 6-12　特效淡入淡出

4. 镜头号

镜头号用于控制动画片的镜头数量，方便动画制作。图 6-13 所示为"属性"面板位置添加镜头号。

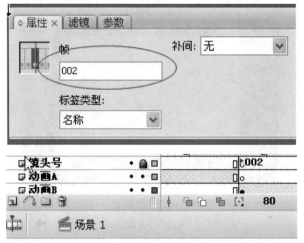

图 6-13　镜头号

5. 动画 A 和动画 B

动画 A 与动画 B 相互交替使用，才会防止动画出现穿帮，或者补间错误，所以在这一点上一定要注意，如图 6-14 所示，所有镜头在动画 A 和动画 B 的位置摆放。

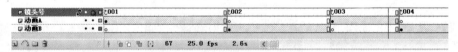

图 6-14　动画 A 与 B 交替

6.2.2　元件图层的独立

Flash 动画中要求每一个图层放置一个元件。当用户双击时间轴中动画 A 或者动画 B 中的其中一个元件以后，会进入到该元件内部，而在这个元件的内部，又分了好多图层，好多元件，且每一个元件独立占一个图层，如图 6-15 所示。

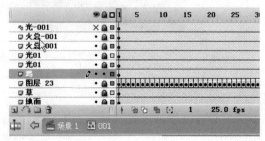

图 6-15　元件独立

1. 如何为动画短片添加声音？
2. 动画格式的制作要点有哪些？

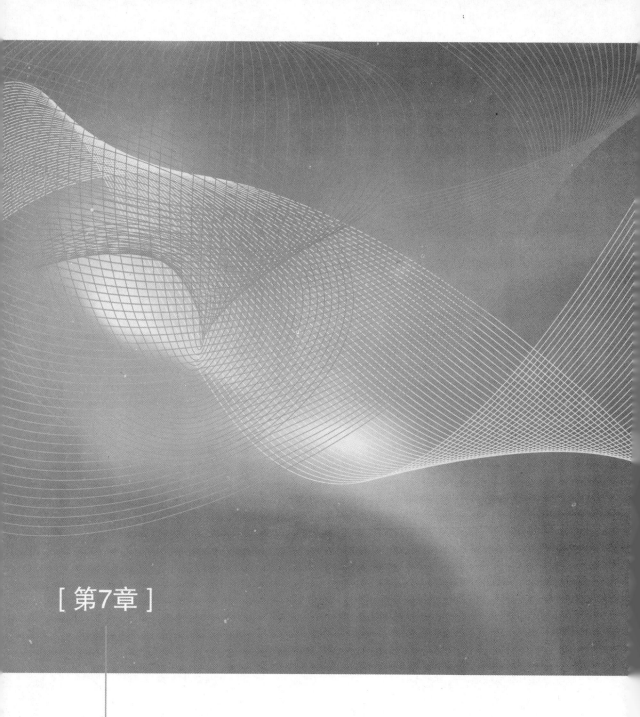

[第7章]

作品的发布

学习目标

● 掌握 Flash 作品的测试方法

● 掌握如何优化 Flash 作品

● 掌握输出 Flash 作品的设置

● 掌握发布 Flash 作品的方法

在 Flash 软件中制作完成了一个作品后，要获得最终可以使用的作品，要执行的操作就是发布。Flash 发布作品与 C 语言等编程工具的编译、执行类似。一个 Flash 作品只有经过发布，才能获得可以使用的影片。

发布的主要作用有两个，一个是把作品从 Flash 软件中脱离出来，使作品可以在没有 Flash 软件的机器上播放；另外一个目的是保护创作的作品，因为浏览者只能看到动画的最终效果，而不能查看作品的源文件，不能查看到作品的图层组织、帧的安排等内容。

7.1 影片的测试与优化

影片的下载和回放的时间取决于文件的大小。若文件的大小增加，则下载和回放的时间自然也会增加，因此对影片的回放进行优化就显得非常重要了。

优化影片的方法有以下几种：

(1) 减少文件的大小。

(2) 文本和字体的大小。

(3) 优化颜色。

(4) 影片中元素和线条的优化。

(5) 优化动作脚本。

7.1.1 影片测试方式

在 Flash CS3 中提供了几个测试影片动作脚本的工具，主要包括以下几种。

(1) "调试器"可以显示一个当前加载到 Flash Player 中的影片剪辑的分层显示列表，使用调试器，用户可以在影片播放时动态地显示和修改变量与属性的值，并且可以使用"断点"停止影片，同时逐行跟踪动作脚本代码。启动"调试器"窗口的方法是单击菜单"控制" | "调试影片"命令，打开"调试器"窗口，如图 7-1 所示。

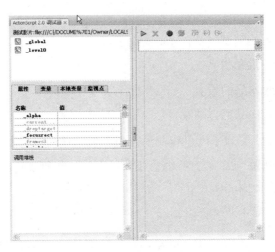

图 7-1　调试器

(2) "输出"窗口，显示错误信息以及变量和对象列表。

(3) Trace 动作会向"输出"窗口发送编程注释和表达式的值。

7.1.2　测试影片

用户可以执行"控制"|"测试影片"命令，可以立即播放它，能看到最终播放效果。也可以使用"测试影片"命令测试下载性能。 另外，使用"调试器"可以测试影片中的动作。 而如果想对具体的交互功能和动画进行预览，也可选择"测试场景"。

简单操作如下：执行"控制"|"测试影片"或"控制"|"测试场景"或"控制"|"调试场景"命令。

这时，Flash 将创建一个 Flash 影片(.swf 文件)，然后在单独的窗口中打开它，并用 Flash Player 播放。测试生成的.swf 文件与源文件.fla 文件在同一文件夹中。

尽管在使用 Flash Player 播放影片的时候，计算机会尽量满足制作时设置的帧频，但是在回放期间，由于不同计算机上的实际帧频可能不同，若正在下载的影片达到了一个特定的帧，而它所需的全部数据尚未下载完毕，那么影片就会暂停，直到数据到达为止。为此，在制作影片的计划、设计和创建等各个阶段必须兼顾带宽限制。

使用带宽配置可以以图形化方式查看下载性能，它会根据指定的调制解调器速度显示每帧需要发送多少数据。而下载速度是 Flash 使用典型的 Internet 的性能估计的，而不是精确的调制解调器速度。

要测试影片在 Web 上播放的流畅性，具体操作步骤如下：

(1) 执行"文件"|"打开"命令，然后选择一个已经存在的.swf 文件。

如果在影片编辑状态下，执行"控制"|"测试场景"命令或"控制"|"测试影片"命令。如果测试场景或影片，Flash 会使用默认的"发布设置"对话框的设置，将当前所选的内容发布为.swf 文件，.swf 文件同时会在一个新窗口中打开，并立即播放。

(2) 在影片测试播放窗口中执行"视图"|"下载设置"命令，然后在其子菜单中选择一个预设的下载速度，来确定 Flash 模拟的数据流速率。

若需输入自己的设置，可以选择其子菜单中的"自定义"命令，之后弹出"自定义下载设置"对话框，在该窗口中用户可以进行设置。

(3) 如果想查看影片的具体下载情况，可以选择影片测试播放窗口菜单"视图"|"带宽设置"命令，用以显示下载性能的图表，图表下面同时会播放影片，

(4) 如果要打开或关闭数据流，可以选择影片测试播放窗口中菜单"视图"|"数据流图表"命令。如果关闭数据流，则影片不会模拟 Web 连接就开始播放。

(5) 单击图表上的竖条，会在左侧窗口中显示对应帧的设置，这时，竖条将变成红色，下面的播放窗口停止播放影片，并显示该帧的内容，

(6) 如果关闭测试窗口，就可以返回到正常的工作环境中。

注意：一旦建立起结合带宽设置的测试环境，就可以在测试模式中直接打开任意的.swf文件，文件会用"带宽设置"和其他选定的"视图"选项在播放器窗口打开。

另外，用户还可以在 Flash 中生成一个列出最终 Flash Player 文件数据量的报告，其具体操作步骤如下：

(1) 执行"文件"|"发布设置"命令，打开"发布设置"对话框，并单击"Flash"选项卡，切换到 Flash 面板，如图 7-2 所示。

图 7-2 发布设置

(2) 选中"生成大小报告"复选框，如图 7-3 所示。

 培养
Flash 文档
240 KB

 培养
Flash 影片
5 KB

 培养 Report
文本文档
1 KB

图 7-3 生成大小报告

(3) 单击"发布"按钮即可生成该影片的最终效果文件(.swf)，同时在该影片的同目录下生成一个扩展名为.txt 的文件，如图 7-3 所示。当用户双击该文件就可以看到影片的一些信息，如图 7-4 所示。用户还可以在 Flash 中生成一个列出最终 Flash Player 文件数据量的报告。

图 7-4　文件数据量报告

7.2　影片的导出与发布

7.2.1　导出影片的设置

要在编辑文件的基础上创建图像或影片，发布功能不是唯一的途径，导出命令也可以完成这其中的大部分工作，但是要在其他的应用程序(如照片编辑或矢量绘图程序)中使用 Flash 创建的内容，还需要对它进行调整。

在将编辑文件导出为影片时，主要进行两项工作：可以将动画转换为动画文件格式，如 Flash，QuickTime，Windows AVI 或具有动画效果的 GIF。或者也可以将动画的每一帧作为单独的静态图形文件导出。当以后者方式导出时，所创建的每个文件都有一个分配的名称以及一个表示其位置的编号。因此，如果将某个 JPEG 序列命名为 my image，且影片包含 10 帧，那么最后的文件将按照从 myimage1.jpg 到 myimage10.jpg 的顺序进行命名

要将动画作为影片或序列导出，具体操作步骤如下。

(1) 执行"文件"|"导出影片"命令，将出现"导出影片"对话框。

(2) 为导出的影片命名，然后选择文件类型。

(3) 单击"保存"按钮即可。

注意：选择文件类型不同，会出现不同的导出对话框。在对话框中调整设置后确定即可。

7.2.2　发布影片的设置

默认情况下，使用"发布"命令可以创建 Flash SWF 播放文件，并将 Flash 影片插入浏览器窗口中的 HTML 文件中。

除了以.swf 格式发布 Flash 播放影片以外，也可以用其他文件格式发布 Flash 影片，如.gif，.jpeg，.png 和 QuickTime 等格式，以及在浏览器窗口中显示这些文件所需的 HTML 文件。上述其他格式可使那些没有安装 Flash Player 8 的用户在浏览器中显示影片动画和交互，当以其他文件格式发布源动画文件(.fla 文件)时，该格式文件与源动画.fla 文件存储在同一个文件夹中。

另外，还可以同样以多种其他格式"导出"源动画文件(.fla 文件)，此操作类似于"发布"，但不同之处在于，最后保存的文件不一定与源动画文件在同一个文件夹，我们可以选择另外的文件夹来保存这些文件。

发布 Flash 影片格式的操作如下：

(1) 在 Flash 编辑环境中打开需要发布的文件。

(2) 执行"文件"|"发布设置"命令，打开"发布设置"对话框，并切换到"Flash 面板"。

(3) 可以从"版本"下拉列表中选择一种播放器版本，范围从 Flash 1 播放器到 Flash 11 播放器，如图 7-5 所示。

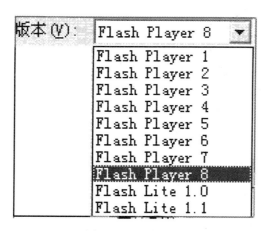

图 7-5　Flash 版本

注意：如果选择了较低的播放器版本，可以照顾大多数观赏者正常观赏动画，不过该影片中的某些功能可能不支持低版本的 Flash 播放器，因而这些功能不会显示出来。

(4) 从"加载顺序"下拉列表中选择"由上而下"选项。

此项用来设置 Flash 如何加载影片图层的顺序，以显示影片第 1 帧。由下而上或由上而下控制影片在速度较慢的网络或调制解调器连接上先绘制影片的那些部分。

(5) 选中"生成大小报告"复选框，如图 7-6 所示，将以.txt 文件格式给最终的 Flash

影片的数据量生成一个报告，双击该.txt 文件，我们就可以看到影片的一些信息。

图 7-6　生成大小报告

(6) 设置其他选项。

(7) 如果在步骤(6)中选定了"允许调试" 复选框，如图 7-7 所示，则可在"密码"文本框中输入密码，以防止未授权用户调试 Flash 影片。如果添加了密码，那么其他人必须先输入密码，从能调试影片，要删除密码，清除"密码"文本框中的内容即可。

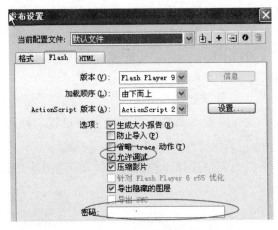

图 7-7　允许调试

(8) 要控制位图压缩，可调整"JPEG 品质"滑块或输入一个值，如图 7-8 所示。图像品质越低，生成的文件就越小；反之，图像品质越高，生成的文件就越大。在发布时可尝试不同的设置，以确定文件大小和图像品质之间的最佳平衡点，当值为 100 时，图像品质最佳，但压缩率也最少。

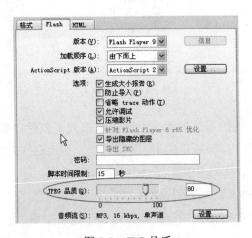

图 7-8　JPG 品质

(9) 选中"覆盖声音设置"复选框，如图 7-9 所示，将使用步骤(9)中选定的设置来覆盖在属性检查器的"声音"部分中为各个声音选定的设置。如果要创建一个较小的低保真度版本的影片，可能需要选择此选项。如果取消选择"覆盖声音设置"复选框，那么 Flash 会扫描影片中的所有音频(包括导入视频中的声音)，然后按照各个设置中最高的设置发布所有音频流。如果一个或多个音频流具有较高的导出设置，就会增大文件大小。

(10) 设置完成后，单击"确定"按钮，则将影片按照前面的设置发布。

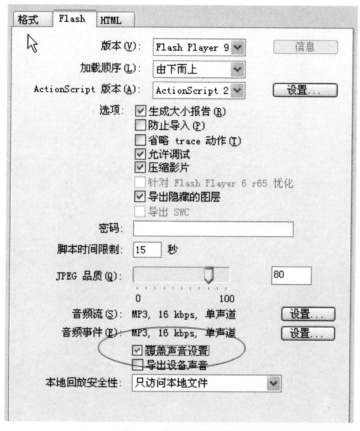

图 7-9　覆盖声音设置

思考与练习

1. 测试影片的操作是什么？
2. 如何导出 Flash 中的图形？

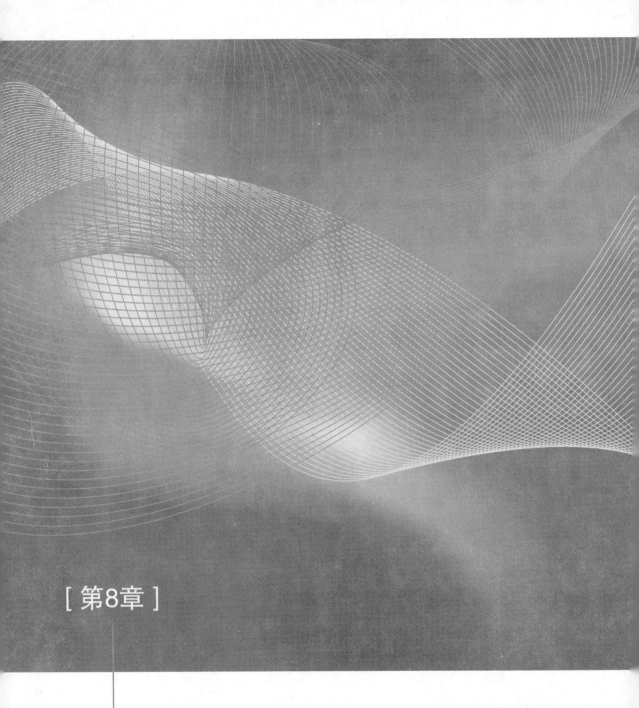

第8章

Flash动画项目实战

学习目标

- 了解动画制作流程
- 用前面所学的绘图知识绘制卡通人物
- 创建元件实例，适合动画制作的元件分解
- 动画制作格式与动画制作方式
- 后期合成

8.1 项目实战策划案

8.1.1 项目立意

　　大连国际啤酒节作为大连市大型活动品牌在国内外啤酒行业和旅游行业的影响力越来越大，组织形式越来越好，文化气息越来越浓。今年的啤酒节将进一步加强管理和服务，对所有参节啤酒企业提供更人性化、更细节化的服务保障，同时继续加大对外宣传力度，延续"啤酒节大篷车活动"等行之有效的促销形式，通过增加消费群体、拉动内需促进大连旅游业不断发展。啤酒节还将全面展现国际性特点，更广泛地吸纳德国、日本、俄罗斯等国的啤酒文化，邀请海外游客同中国游客一起，同台竞技"啤酒擂台赛"，在以酒会友、啤酒音乐、助兴舞蹈、趣味啤酒表演、啤酒竞饮等活动中，充分展现各国啤酒文化的异同和狂欢氛围，从而使市民和来连游客不出国门就能体验到世界多个民族的啤酒文化。本片以促进啤酒节发展为目的，将吉祥物设定为"五指娃"，分别用五个手指来表现，在造型上体现世界上的不同地域风格，并代表着世界各国友人齐聚大连参加这一盛会，如图 8-1 所示。

图 8-1　效果

8.1.2　主题创意

　　为了增加啤酒节的趣味性，历史文化各异，性格外表不同与人们相互体验啤酒节给人们带来的清爽和欢乐，充分体现啤酒节的国际化，与国际干杯。"五指娃"表现了来自五湖四海的友人齐聚大连，共同举办这个盛大的啤酒节日，通过啤酒节让世界了解大连，让大连融入世界，激情的啤酒节，浪漫的啤酒节。五个手指分为大拇指、中指、食指、无名指，以及小拇指。为了表现他们无高低贵贱之别，把"五指娃"个头大小设为一样，充分体现人无贵贱之分，人人平等。当五个手指集合一起就是一只手，也体现了十指连心，团结一致，同一个世界，同一个啤酒节，当手掌握着啤酒瓶时寓意与世界干杯，与世界同乐，如图 8-2 所示。人物起名为各大洲首字谐音，"亚亚(亚洲)、嗒嗒(大洋洲)、美美(美洲)、欧欧(欧洲)、菲菲(非洲)，如图 8-3 所示。 而在"五指娃"的表情、服饰、动作上更能体现激情浪漫的啤酒盛会，在 Flash 动画短片上更为啤酒节增加一道靓丽的风景，让世界朋友们随着动感音乐狂欢吧！

图 8-2　五指娃图一　　　　　　　　　　图 8-3　五指娃图二

8.1.3　商业分析

　　Q 版人物可以在门票、T 恤、充气棒、气球、手套、海报、杯子、指示牌、布偶，而且此人物还会以 FLASH 这种 2D 动画形式体现，并在电视广告、公交车电视、广场大屏幕、3G 手机，从而给大连啤酒节注入新血液，融入新元素，创造更多的亮点、看点和卖点，啤酒节从此不再缺乏动感气息。

8.1.4　人物设定

　　吉祥物设定为五个手指头，他们分别代表五大洲的人，五个手指构成一只手象征世界和平、统一、团结。为了体现出人人平等，把五指人大小设为一样。

人物：亚亚(亚洲人，图 8-4)
年龄：21
国籍：中国
性别：男
性格：开朗、大方、热情好客
爱好：游泳、作诗
座右铭：有朋自远方来，不亦乐乎。

图 8-4　亚亚

人物：嗒嗒(大洋洲人，图 8-5)
年龄：23
性别：男
性格：热情、开朗
爱好：音乐、弹奏
口头禅：Come On！Music!

图 8-5　嗒嗒

人物：菲菲(非洲人，图 8-6)
年龄：23
性别：男
性格：豪放、张扬、大胆
爱好：田径、拳击
口头禅：孔夫子的话，越来越国际化！

图 8-6　菲菲

人物：欧欧(欧洲人，图 8-7)
年龄：24
性别：男
性格：浪漫、幽默
爱好：冲浪、游泳
口头禅：这是为什么呢？

图 8-7　欧欧

人物：美美(美洲人，图 8-8)
年龄：20
性别：女
性格：狂野、善良、
爱好：排球、足球
座右铭：知足常乐，助人为乐，乐在其中。

图 8-8　美美

8.2 项目实战人物场景设计

8.2.1 绘制场景

本实例为绘制人物造型，从实例名称的例子的字面意思用户不难推测，本实例的重点在于钢笔工具及填充色的应用。通过学习本实例，希望用户能够熟练掌握钢笔工具的用法。

实例工具要点：

- 线条工具。
- 创建图形元件。
- 创建补间动画。
- 创建补间形状动画。
- 使用"库"面板。
- 添加遮罩层。

实例绘制过程

(1) 在 Flash 中创建一个新的文档，在"属性"面板中设置文档大小为 720×576 像素。设置动画帧频为 24 帧。用钢笔工具绘制出场景图形，如图 8-9 所示。绘制完成后，确认画出的路径是否为闭合路径，如是闭合路径，按 Shift+F9 组合键打开"颜色"对话框，单击"油漆桶"按钮 ，为闭合路径填充颜色，如图 8-10 所示。

图 8-9　绘制场景图形　　　　　　　图 8-10　填充颜色

(2) 确认颜色正确后，删掉边线，绘制其他场景如图 8-11 和图 8-12 所示。

图 8-11　删除边线　　　　　　　图 8-12　绘制其他场景

（3）云的绘制，首先绘制云的边线，如图 8-13 所示。然后使用油漆桶工具将闭合路径填充颜色，按 Shift+F9 组合键打开"颜色"面板，设置"填充颜色"的 Alpha 参数，设置云的透明度，如图 8-14 所示。

图 8-13　绘制云的边线

图 8-14　设置云的透明度

8.2.2　绘制人物

（1）在绘制人物的过程中，首先要注意绘制出来的图形要保持组合状态，以方便后面调节动画的操作，如图 8-15 所示，并在必要条件下绘制出人物的三视图，如图 8-16 所示。

图 8-15　组合图形

图 8-16　绘制人物的三视图

（2）绘制人物的黑白稿，如图 8-17 所示。

图 8-17　绘制人物的黑白稿

(3) 绘制场景当中所需要的人物的各种造型，并将绘制出来的图形摆到相应的位置，并注意透视变化，如图 8-18 所示。

图 8-18　绘制人物的各种造型

(4) 在场景当中绘制出该镜头人物角色的所有动作，放在镜头当中，以备调动画的时候应用，如图 8-19 所示。

图 8-19　绘制人物动作

(5) 绘制 5 个人物的各种表情，观察人物各种状态，方便以后做动画进行调用，如图 8-20 所示。

图 8-20   绘制人物表情

(6) 绘制人物口型库和眼睛库，如图 8-21 所示。

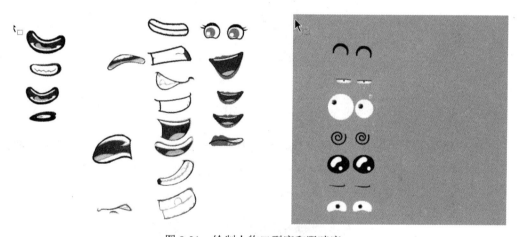

图 8-21   绘制人物口型库和眼睛库

8.3   项目实战人物元件拆分

8.3.1   人物元件拆分要点

本实例主要介绍人物分元件的方法

实例要点：

● 元件拆分分层，命名。

● 人物分元件的顺序。

● 人物元件拆分关键点调节。

实例分解过程

(1) 打开 Flash 软件，将 8.2 节绘制好的人物文件打开。

(2) 按住鼠标框选整个人物，按 F8 键，将整个人物新建一个图形元件，命名为"人物"，如图 8-22 所示。

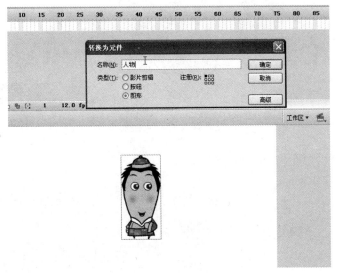

图 8-22　新建图形元件

(3) 双击进入人物的整体元件，鼠标框选整个人物的头部，包括眼睛、鼻子、嘴、眼眉等所有属于头部的图形，并新建一个元件，命名为"头"，如图 8-23 所示。

图 8-23　新建元件

(4) 双击进入人物头的整体元件，用选择工具分别选择眼睛，按 Ctrl 键加选将眼球、眼白、高光新建一个元件，按 Q 键调整关键点，命名为"左眼"，如图 8-24 所示。

图 8-24　转化为元件

(5) 双击进入眼睛，使用选择工具将眼球、眼眶分别新建成元件，选择工具框选所有元件，按 Ctrl+Shift+D 组合键，将所选两个元件各自分成一个图层，并调整好图层的顺序，如图 8-25 所示。

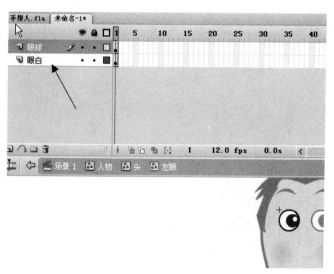

图 8-25　调整图层的顺序

(6) 选择工具框选所有头内元件，按 Ctrl+Shift+D 组合键，将所选元件各自分成一个图层，如图 8-26 所示。

图 8-26　各自分成一个图层

(7) 双击空白地方退出"头"元件，选择工具框选上臂、手，按 F8 键新建元件，命名为"左胳臂"，按 Q 键调整关键点，如图 8-27 所示。

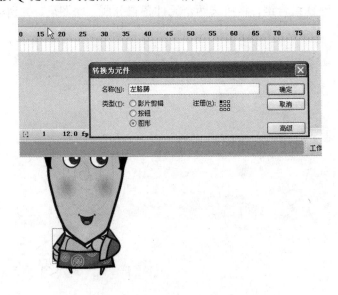

图 8-27　新建元件

(8) 双击进入胳膊，选择工具将手新建成元件，调整好手臂和手的位置关系，选择工具框选所有图形，按 Ctrl+Shift+D 组合键，将所选手和袖子各自分成一个图层，并调整好图层顺序，调整关键点，如图 8-28 所示。

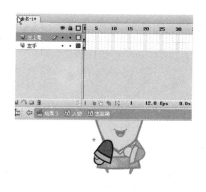

图 8-28　调整关键点

(9) 退出"胳膊"元件，选择工具依次框选左腿和右腿，按 F8 键新建元件，命名为"左腿"、"右腿"，并调整关键点，按 Ctrl+Shift+D 组合键，将所选两个元件各自分成一个图层，并调整好图层的顺序，如图 8-29 所示。

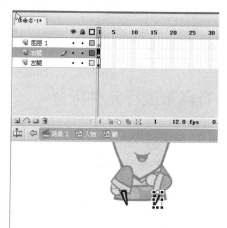

图 8-29　新建元件并调整图层的顺序

(10) 使用选择工具框选身体，按 F8 键新建元件，命名为"身体"，调整关键点至腰部，如图 8-30 所示。

图 8-30　新建元件

(11) 待所有元件分完，选择工具框选所有元件，按 Ctrl+Shift+D 组合键，将所选元件各自分成一个图层，并调整好图层的顺序，如图 8-31 所示。

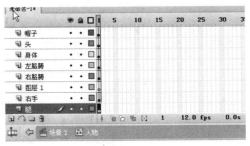

图 8-31　将元件分成图层并调整图层的顺序

8.3.2　依次将其他所有场景进行元件拆分

元件可以套元件，如图 8-32 所示的气泡元件，一个总的气泡元件，里面分成若干个小气泡，再次双击进到小气泡里面得到的是气泡的动画。

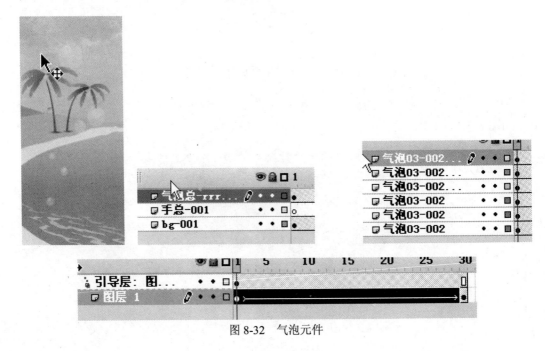

图 8-32　气泡元件

8.4 项目实战动画制作

本实例主要介绍简单的人物运动的制作，比如，眨眼睛、走路、口型等。

实例要点：

- 了解直接复制命令。
- 掌握元件中心点的控制。
- 掌握逐帧动画与补间动画的创建过程。

8.4.1 眨眼动画制作

眨眼动作常出现在人物的特写镜头中，与其他动作相比，在制作上容易很多。眨眼动作一般用 3 张不同的动作来实现。

(1) 在时间轴的第 1 帧与第 8 帧，眼睛为正常状态，如图 8-33 所示。

图 8-33　眼睛为正常状态

(2) 在第 4 帧与第 6 帧为半闭状态的眼睛，如图 8-34 所示。

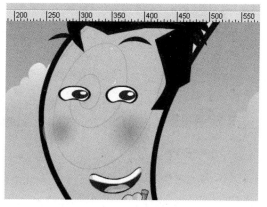

图 8-34　眼睛为半闭状态

(3) 在第 4 帧与第 6 帧为闭眼状态，如图 8-35 所示。

图 8-35　眼睛为闭眼状态

(4) 这样在中间加上补间动画，就完成了眨眼动画的简单制作，如图 8-36 所示。

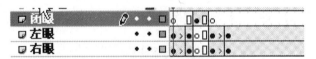

图 8-36　补间动画

8.4.2　口型动画制作

角色对白中一般会出现近景或特写镜头，口型的动画就十分重要了。人物的对话必须要与适当的口型相对应，这样才能使动画更加完美，如图 8-29 所示。

图 8-29　口型动画

(1) 口型变化时，应该以人物的嘴巴造型为基础，在其基础上对口型进行适当的变动，这样动作才会不失原有的形象特点。动画角色的口型动作要有一定的概括与提炼、抓住重点，突出一句话中最重点、最有代表性的几个口型动作。现有啤酒节动画中嗒嗒的口型大概分为以下几种，如图 8-30 所示。

图 8-30　嗒嗒的口型

(2) 在制作口型动画以前需要注意的是，应该提前绘制好各种发音的口型。如图 8-31 所示，左侧为开心时各种发音口型，右侧为不高兴时各种发音的口型。

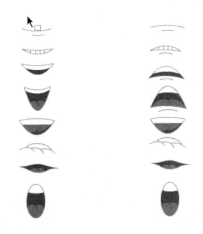

图 8-31　各种发音的口型

8.4.3　场景动画海浪的制作

(1) 创建一个图层为背景，背景色为蓝色，在蓝色的背景上画出海浪的形状，然后复制出多个海浪的图形，如图 8-32 所示。

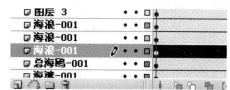 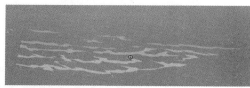

图 8-32　创建背景

183

(2) 海浪动画为逐帧动画，需要手绘海浪的动画效果，如图 8-33 所示。

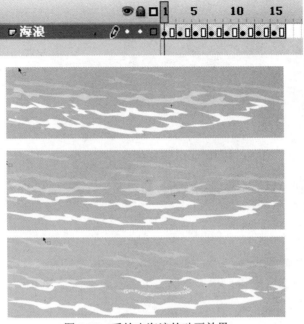

图 8-33　手绘出海浪的动画效果

8.4.4　引导动画心的制作

(1) 心形图案逐渐循环、交替上升，形成连贯的循环动画。如图 8-34 的心形图案和音符图案的运动都是以引导动画制作而成，需要元件套元件制作完成。

图 8-34　心形图案和音符图案

(2) 在元件当中只有一个图层，用鼠标双击该心形元件后如图 8-35 所示，整体的运动的心型图案又包含了 6 个心形图案的运动。

图 8-35　6 个心形图案的运动

(4) 继续双击该心形，会得到如图 8-36 所示的引导动画。

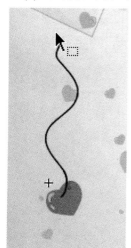

图 8-36　得到引导动画

8.4.5　场景人物动画制作

(1) 要确保一个元件一个图层，一个人物一个图层，如图 8-37 所示，5 个人物，一个场景所以应该是 6 个图层，6 个母元件。

图 8-37　分别建立图层和元件

(2) 双击到其中一个人物元件中，会得到更多的子元件及图层(一个元件一个图层)，如图 8-38 所示。

图 8-38　得到更多的子元件和图层

(3) 切忌不管该动画有多少帧，有多少个图层，有多少个元件，它的时间轴上的关键帧都是对齐的，且结尾普通帧也是对齐的，如图 8-39 所示。

图 8-39　关键帧和结尾帧都要对齐

8.4.6　Flash 动画后期合成

当分镜头中所有的动画都已经制作完毕，就应该将所有的动画连接到一起，组成一部完整的动画片，并加上一些特效，让画面更加漂亮。

(1) 合成 Flash 动画的格式，场景当中的图层由黑框、声音、文字、镜头号、特效、动画 A、动画 B 等图层组成，如图 8-40 所示。

图 8-40　场景中的图层

(2) 每一个镜头都由一个母元件组成，且在动画 A 与动画 B 之间交替进行，动画结束后需加入空白关键帧结束，如图 8-41 所示。

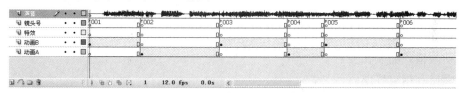

图 8-41　添加空白关键帧

(3) 特效图层中，经常加一些淡入淡出特效，如图 8-42 所示。

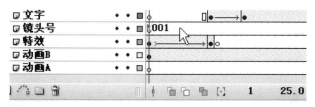

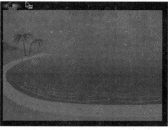

图 8-42　添加特效

(4) 摔倒时屏幕晃动，可以在场景当中制作逐帧动画，将镜头左右摇晃即可，如图 8-43 所示。

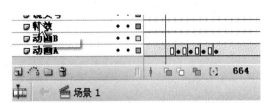 

图 8-43　摔倒时的动画制作

(5) 将所有镜头的动画按照动画 A 和动画 B 交替的方式，连接到一起以后，就可以发布文件，按 Ctrl+Enter 组合键预览制作的动画片了。

思考与练习

1. 独立完成动画短片应该注意哪几项？

2. 动画格式的制作要点有哪些？

3. 尝试利用引导层制作音符动画。

4. 请独立完成一部 Flash 动画短片的制作。

责任编辑：于 天 文
封面设计：ANTONIONI

动画先锋——
Flash
基础与实战

ISBN 978-7-302-24916-0

9 787302 249160

定价：24.00 元

程序设计基础实践教程
（C语言）

杨有安 曹惠雅 陈维 鲁丽 编著

清华大学出版社